新时代上海"人民城市"建设的探索与实践丛书

引领低碳生活新时尚

垃圾分类卷

Low-Carbon Lifestyles

Lessons from Shanghai's Garbage-Sorting Program

上海市绿化和市容管理局（上海市林业局）　编著

中国建筑工业出版社

资源利用

生态保护

丛书编委会

主　　任：张小宏　上海市人民政府副市长
　　　　　秦海翔　住房和城乡建设部副部长
常务副主任：王为人　上海市人民政府副秘书长
副　主　任：杨保军　住房和城乡建设部总经济师
　　　　　苏蕴山　住房和城乡建设部建筑节能与科技司司长
　　　　　胡广杰　中共上海市城乡建设和交通工作委员会书记、
　　　　　　　　　上海市住房和城乡建设管理委员会主任
委　　员：李晓龙　住房和城乡建设部办公厅主任
　　　　　曹金彪　住房和城乡建设部住房保障司司长
　　　　　姚天玮　住房和城乡建设部标准定额司司长
　　　　　曾宪新　住房和城乡建设部建筑市场监管司司长
　　　　　胡子健　住房和城乡建设部城市建设司司长
　　　　　王瑞春　住房和城乡建设部城市管理监督局局长
　　　　　宋友春　住房和城乡建设部计划财务与外事司司长
　　　　　牛璋彬　住房和城乡建设部村镇建设司司长
　　　　　张玉鑫　上海市规划和自然资源局党组书记、局长
　　　　　于福林　上海市交通委员会党组书记、主任
　　　　　史家明　上海市水务局（上海市海洋局）党组书记、局长
　　　　　邓建平　上海市绿化和市容管理局（上海市林业局）党组书记、
　　　　　　　　　局长
　　　　　王　桢　上海市住房和城乡建设管理委员会副主任，
　　　　　　　　　上海市房屋管理局党组书记、局长
　　　　　徐志虎　上海市城市管理行政执法局党组书记、局长
　　　　　张玉学　上海市公安局交通警察总队党委书记、总队长
　　　　　咸大庆　中国建筑出版传媒有限公司总经理

丛书编委会办公室

主　　任：胡广杰　中共上海市城乡建设和交通工作委员会书记、
　　　　　　　　　上海市住房和城乡建设管理委员会主任
副　主　任：金　晨　上海市住房和城乡建设管理委员会副主任
成　　员：徐存福　杨　睿　鲁　超　韩金峰　杨俊琴　庄敏捷
　　　　　张则乐　赵　雁　刘懿孟　赵　勋

本卷编写组

主　编：邓建平　上海市绿化和市容管理局（上海市林业局）
　　　　　　　党组书记、局长
副主编：缪　钧　上海市绿化和市容管理局（上海市林业局）
　　　　　　　局领导、二级巡视员
　　　　刘永钢　澎湃新闻总裁、总编辑
撰　稿：齐玉梅　黄　琼　张则乐　胡　亮　凌洪涛　王斌斌
　　　　金　浩　邹　华　吴　辉　张　俊　吴英燕　冯　婧
　　　　赵　忞　吕　娜　吕正音　戴媛媛

上海是中国共产党的诞生地，是中国共产党的初心始发地。秉承这一荣光，在党中央的坚强领导下，依靠全市人民的不懈奋斗，今天的上海是中国最大的经济中心城市，是中国融入世界、世界观察中国的重要窗口，是物阜民丰、流光溢彩的东方明珠。

党的十八大以来，以习近平同志为核心的党中央对上海工作高度重视、寄予厚望，对上海的城市建设、城市发展、城市治理提出了一系列新要求。特别是 2019 年习近平总书记考察上海期间，提出了"人民城市人民建，人民城市为人民"的重要理念，深刻回答了城市建设发展依靠谁、为了谁的根本问题，深刻回答了建设什么样的城市、怎样建设城市的重大命题，为我们深入推进人民城市建设提供了根本遵循。

我们牢记习近平总书记的嘱托，更加自觉地把"人民城市人民建，人民城市为人民"重要理念贯彻落实到上海城市发展全过程和城市工作各方面，紧紧围绕为人民谋幸福、让生活更美好的鲜明主题，切实将人民城市建设的工作要求转化为紧紧依靠人民、不断造福人民、牢牢植根人民的务实行动。我们编制发布了关于深入贯彻落实"人民城市人民建，人民城市为人民"重要理念的实施意见和实施方案，与住房和城乡建设部签署了《共建超大城市精细化建设和治理中国典范合作框架协议》，全力推动人民城市建设。

我们牢牢把握人民城市的战略使命，加快推动高质量发展。国际经济、金融、贸易、航运中心基本建成，具有全球影响力的科技创新中心形成基本框架，以五个新城建设为发力点的城市空间格局正在形成。

我们牢牢把握人民城市的根本属性，加快创造高品质生活。"一江一河"生活秀带贯通开放，"老小旧远"等民生难题有效破解，大气和水等生态环境质量持续改善，在城市有机更新中城市文脉得到延续，城市精神和城市品格不断彰显。

我们牢牢把握人民城市的本质规律，加快实现高效能治理。政务服务"一网通办"和城市运行"一网统管"从无到有、构建运行，基层社会治理体系不断完善，垃圾分类引领低碳生活新时尚，像绣花一样的城市精细化管理水平不断提升。

我们希望，通过组织编写《新时代上海"人民城市"建设的探索与实践丛书》，总结上海人民城市建设的实践成果，提炼上海人民城市发展的经验启示，展示上海人民城市治理的丰富内涵，彰显中国城市的人民性、治理的有效性、制度的优越性。

站在新征程的起点上，上海正向建设具有世界影响力的社会主义现代化国际大都市和充分体现中国特色、时代特征、上海特点的"人民城市"的目标大踏步地迈进。展望未来，我们坚信"人人都有人生出彩机会、人人都能有序参与治理、人人都能享有品质生活、人人都能切实感受温度、人人都能拥有归属认同"的美好愿景，一定会成为上海这座城市的生动图景。

Shanghai is the birthplace of the Communist Party of China, and it nurtured the party's initial aspirations and intentions. Under the strong leadership of the Party Central Committee, and relying on the unremitting efforts of its residents, Shanghai has since blossomed into a city that is befitting of this honour. Today, it is the country's largest economic hub and an important window through which the rest of the world can observe China. It is a brilliant pearl of the Orient, as well as a place of abundance and wonder.

Since the 18th National Congress of the Communist Party of China, the Party Central Committee with General Secretary Xi Jinping at its helm has attached great importance to and placed high hopes on Shanghai's evolution, putting forward a series of new requirements for Shanghai's urban construction, development and governance. In particular, during his visit to Shanghai in 2019, General Secretary Xi Jinping put forward the important concept of "people's cities, which are built by the people, for the people". He gave profound responses to the questions of for whom cities are developed, upon whom their development depends, what kind of cities we seek to build and how we should approach their construction. In doing so, he provided a fundamental reference upon which we can base the construction of people's cities.

Keeping firmly in mind the mission given to us by General Secretary Xi Jinping, we have made more conscious efforts to implement the important concept of "people's cities" into all aspects of Shanghai's urban development. Adhering to a central theme of improving the people's happiness and livelihood, we have conscientiously sought ways to transform the requirements of people's city-building into concrete actions that closely rely on the people, that continue to benefit the people, and which provide the people with a deeply entrenched sense of belonging. We have compiled and released opinions and plans for the in-depth implementation of the important concept of "People's City", as well as signing the *Model Cooperation Framework Agreement for the Refined Construction and Government of Mega-Cities in China* with the Ministry of Housing and Urban-Rural Development.

We have firmly grasped the strategic mission of the people's city in order to accelerate the promotion of high-quality urban development. We have essentially completed the construction of a global economy, finance, trade and shipping centre, as well as laying down the fundamental framework for a hub of technological innovation with global influence. Meanwhile, an urban spatial layout bolstered by the construction of five new towns is currently taking shape.

We have firmly grasped the fundamental attributes of the people's city in order to accelerate the creation of high standards of living for urban residents. The "One River and One Creek" lifestyle show belt has been connected and opened up, while problems relating to the people's livelihood (such as outdated, small, rundown or distant public spaces) have been effectively resolved. Aspects of the environment such as air and water quality have continued to improve. At the same time, the heritage of the city has been incorporated into its organic renewal, allowing its spirit and character to shine through.

We have firmly grasped the essential laws of the people's city in order to accelerate the realization of highly efficient governance. Two unified networks – one for applying for government services and the other for managing urban functions – have been built from sketch and put into operation. Meanwhile, grassroots social governance has been continuously improved, garbage classification has been updated to reflect the trend of low-carbon living, while micro-scale urban management has become increasingly precise, like embroidery.

Through the compilation of the *Exploration and Practices in the Construction of Shanghai as a "People's City" in the New Era series*, we hope to summarize the accomplishments of urban construction, derive valuable lessons in urban development, and showcase the rich connotations of urban governance in the people's city of Shanghai. In doing so, we also wish to reflect the popular spirit, effective governance and superior institutions of Chinese cities.

At the starting point of a new journey, Shanghai is already making great strides towards becoming a socialist international metropolis with global influence, as well as a "people's city" that fully embodies Chinese characteristics, the nature of the times, and its own unique heritage. As we look toward to the future, we firmly believe in our vision where "everyone has the opportunity to achieve their potential, everyone can participate in governance in an orderly manner, everyone can enjoy a high quality of life, everyone can truly feel the warmth of the city, and everyone can develop a sense of belonging". This is bound to become the reality of the city of Shanghai.

本卷前言

垃圾虽小，却牵着民生，连着文明。垃圾分类，事关市民生活环境的改善、生态文明的建设，也是引领低碳生活的新时尚。做好垃圾分类的工作，势在必行。

2016年，习近平总书记明确要求"北京、上海等城市，要向国际先进水平看齐，率先建立生活垃圾强制分类制度，为全国作出表率"。2018年11月，习近平总书记来沪考察，在虹口区嘉兴路街道市民驿站调研时，强调"垃圾分类工作就是新时尚"。2019年1月，《上海市生活垃圾管理条例》高票表决通过，为生活垃圾分类全程体系建设提供了坚强有力的法治保障。2019年2月，上海召开生活垃圾分类工作"万人"动员大会，把垃圾分类作为推动绿色低碳可持续发展的内在要求和提升市民文明素质以及城市文明程度的具体内容，全面启动生活垃圾分类工作。上海踏上了打好打赢生活垃圾分类的攻坚战、持久战，加快建设令人向往的"生态之城"的新征程。

通过近五年的努力，从"扔进一个筐"到"细分四个桶"，从"规定工作"到"自觉动作"，从"新时尚"到"好习惯"，垃圾分类成为上海以"绣花功夫"推进社区治理的缩影，也为超大城市贯彻落实习近平生态文明思想提供生动实践参考。

在实践中，上海总结出了垃圾分类管理的三大要点：

垃圾分类始终注重实效。垃圾分类这个"新时尚"，可不像穿新衣、开新车那么轻松，而是要付出艰苦的努力，拿出实实在在的成果。垃圾分类不能搞形式主义，一定要务真功、求实效，以时不我待的紧迫感和久久为功的坚韧劲，聚焦重点、盯牢难点、直击痛点，确保措施落实、取得效果。

垃圾分类坚持系统治理。 垃圾分类是一项系统工程，涉及投放、收集、运输、处置等多个环节，就像一根带动机器运转的链条，需要环环相扣才能发挥作用，任何一环掉链子都无法让机器运转起来。这就要加强工作统筹，上中下游一起抓、前中末端齐发力。

垃圾分类凝聚共同合力。 垃圾分类是一场绿色生活方式的"革命"，涉及千家万户、方方面面，必须举全市之力、集各方智慧，形成全社会共同推进的强大合力，让每一个市民投身其中当好主角，从"不会分类""要我分类"逐渐变为"我要分类"，实现垃圾分类"内化于心""外化于行"。

垃圾分类"上海模式"的创建和以"人民城市"为目标的社区治理，离不开广大垃圾分类工作者、人大代表、政协委员、媒体、企业、社会组织等，更离不开广大上海市民的努力。市民是垃圾分类的积极参与者和践行者，正是上海市民汇聚起了共建共治共享"生态之城"的磅礴力量，谱写了上海垃圾分类工作的新篇章。

2023 年 5 月 21 日，习近平总书记给上海市虹口区嘉兴路街道垃圾分类志愿者回信，对推动垃圾分类成为低碳生活新时尚提出殷切期望，这是对我们的极大鼓舞和鞭策，为我们指明了前进方向，提供了遵循根本。

2023 年 5 月，住房和城乡建设部部长倪虹在全国城市生活垃圾分类工作现场会上指出，2023 年要开展《城市市容和环境卫生管理条例》《城市生活垃圾管理办法》等修订工作。特别是在垃圾减量化方面，在生产、流通、消费环节减少包装物，加强再生资源回收系统和垃圾处理系统的有效衔接，减轻末端处理设施的压力。力争 2025 年底前基本建立完备高效的法规制度体系。

在这个重要时刻，本书总结了上海垃圾分类工作的相关经验，或许能为全国城市生活垃圾分类工作的推进提供绵薄之力。本书以理论探索为里，以生动实践为表，旨在系统回顾近年来上海垃圾分类工作，助力生态之城建设的探索与实践。其中，第一章介绍上海垃圾分类的百年历程及五年来的成效；第二章总结上海垃圾分类的经验；第三章以案例的方式回顾上海垃圾分类实践；第四章展望上海垃圾分类愿景。同时，将"引领低碳生活新时尚"的理念贯穿全书始终，阐述和诠释习近平总书记关于垃圾分类的重要论述，以期探索超大城市垃圾分类这一重大实践命题，梳理一批可复制、可推广的经验，交出体现中国特色、时代特征、上海特点的初步答卷。

本书作为"住房和城乡建设部与上海市人民政府共建超大城市精细化建设和治理中国典范合作"的重要成果，得到了住房和城乡建设部与上海市领导的关心和支持。

本书由上海市绿化和市容管理局组织编写。上海市生活垃圾分类减量推进工作联席会议以及各成员单位、各区、各街镇给予了全方位的协助，为本书提供了很多观点、案例和参考资料。澎湃新闻全程参与了本书的编写工作。中国建筑工业出版社的编辑在图书编校出版过程中付出了大量精力，在此一并表示感谢！

Preface

Garbage may seem small, but it is intimately linked to people's lives and civilizations. Garbage sorting is thus a means of improving urban residents' lived environments, building an ecological civilization, and ushering in low-carbon lifestyles. And it is imperative that we get it right.

In 2016, General Secretary Xi Jinping explicitly required Shanghai and other cities to "align with international advanced standards, take the lead in establishing a mandatory garbage classification system, and set an example for the rest of the country." In November 2018, General Secretary Xi Jinping visited Shanghai and emphasized that "garbage classification is a new trend." In January 2019, the city passed new garbage sorting regulations with widespread support, providing a strong legal guarantee for the garbage sorting system. That February, Shanghai held a mass mobilization meeting on garbage sorting, and began treating garbage sorting as a prerequisite for promoting green and low-carbon sustainable development and enhancing citizens' degree of civilization and the city's urban civilization level. Shanghai had fully launched its garbage classification campaign, and the city soon set out to win the battle of garbage classification — and thereby accelerate the long sought-after construction of an "ecological city."

Through nearly five years of hard work, residents have gone from dumping all their trash into a single bin to carefully separating it into four cannisters; from following the rules to internalizing best practices; and from seeing garbage sorting as a new trend to treating it like a good habit. The garbage sorting campaign has become a symbol of the exquisite, targeted approach to social governance Shanghai is known for, and it has provided a valuable example of Xi Jinping Thought on Ecological Civilization in practice.

The campaign's success can be attributed to three main factors:

First, an emphasis on effectiveness. Embracing the "new trend" of garbage sorting is not as easy as wearing new clothes or driving a new car; it requires hard work and must produce tangible results. Garbage sorting cannot be a matter of going through the motions; it must focus on achieving real results. Driven by the realization that time is not on our side and relying on a tenacious work ethic, we need to focus on key points, keep a close eye on difficulties, and directly address pain points to ensure measures are implemented and results are achieved.

Second, garbage sorting requires systematic governance. Garbage sorting is a systematic project involving the disposal, collection, transportation, and management of waste. Like a well-oiled machine, each link in this chain must work together to function properly. If any link is missing, the machine will break down. This requires strong planning and good upstream and downstream coordination throughout the entire project.

Garbage sorting is a collaborative project. Garbage sorting represents a "revolution" in green lifestyles, and as such, involves thousands of households. Success requires gathering the strength of the entire city, relying on the wisdom of all its experts, and allowing every citizen to participate, until gradually mindsets shift from ignorance, to compliance, to enthusiastic acceptance.

The establishment of a garbage sorting "Shanghai model" and the "People's city" cannot be separated from the work of garbage sorting workers, representatives of the National People's Congress, members of the People's Political Consultative Conference, media, enterprises, social organizations, and especially the efforts of a vast number of Shanghai citizens. Residents were and are active participants and practitioners of garbage sorting. It is precisely this aggregation of Shanghai citizens' efforts to build, govern, and share in the creation of an "ecological city" that laid the foundation for this new chapter in Shanghai's garbage sorting work.

On May 21, 2023, General Secretary Xi Jinping replied to a letter from garbage sorting volunteers in Jiaxing Road Subdistrict, Hongkou District, Shanghai, expressing his earnest expectations for the promotion of garbage sorting as a new trend in low-carbon living. The letter provided great inspiration and renewed enthusiasm for us all and contains valuable guidance for our future development.

In May 2023, Ni Hong of the Ministry of Housing and Urban-Rural Development stated at the national on-site conference on garbage sorting: "In 2023, we will launch the revision of regulations such as the *City Appearance and Environmental Sanitation Management Regulations* and the *Measures for the Management of Urban Domestic Waste*. Especially in terms of garbage reduction, we need to reduce packaging in the production, circulation, and consumption stages, strengthen the effective connection between the recycling system and the garbage processing system, and reduce the pressure on terminal treatment facilities. We are aiming to establish a complete and efficient legal system for this by the end of 2025." At this important moment, the experiences summarized in this book may aid in promoting garbage classification in cities across the country.

This book explores both theory and practice in reviewing the experience of garbage sorting in Shanghai and the construction of ecological cities in recent years. The first chapter introduces the 100-year process of garbage sorting in

Shanghai and its achievements over the past five years. The second chapter summarizes the experience of garbage sorting in Shanghai. The third chapter reviews the city's practical experiences of garbage sorting through case studies. The fourth chapter outlines the future prospects for garbage sorting in the city. The concept of "leading a new trend in low-carbon lifestyles" runs through the entire book, as it explains and annotates General Secretary Xi Jinping's important statements on garbage classification and uses them to explore this significant practical issue. The goal is to list out a number of replicable and scalable experiences and present a preliminary answer to the problem of waste management that reflects Chinese characteristics, the characteristics of the era, and Shanghai's own unique features.

This book grew out of the cooperation between the Ministry of Housing and Urban-Rural Development and the Shanghai Municipal Government as they work to build a Chinese model of fine urban construction and governance. It has received attention and support from leaders in both of those bodies.

This book was overseen by the Shanghai Municipal Landscaping and City Appearance Bureau. The subdistrict, district, street, and town garbage classification and reduction promotion work coordination mechanism as well as all member units, districts, streets, and towns provided comprehensive assistance, cases, and reference materials for this book. The Paper, a leading news organization, participated in the writing process. Editors at China Architecture & Building Press devoted a lot of energy to editing and publishing it. We would like to express our gratitude to all of our contributors here.

目录

Contents

第一章

发展历程

Historical Origins

在全球范围内，实行生活垃圾分类是通行的解决垃圾围城、控制环境污染、减少资源浪费、降低处置成本、提高文明水平的有效手段，也是实现生活垃圾减量化、资源化、无害化的有效方式和必由之路。

事实上，上海垃圾分类已有近百年历史。

对于许多上年纪的上海人来说，弄堂里摇铃收垃圾的场景仍记忆犹新。这种方式早在20世纪初就已出现。1933年12月22日《申报》刊登一则题为《垃圾倾倒法》的公告，第一次向市民普及定时定点投放垃圾。到了20世纪50年代，上海开始首次尝试垃圾分类——将可以作农肥的垃圾分类出来，不少市民记忆中房前屋后收集厨余垃圾的"泔脚缸"就源自那个时期。

改革开放后，上海发展脚步更加迅速，产生的生活垃圾也日益增多。1984年6月，长宁区新华街道试行了垃圾分类倾倒、清除的办法。第二年，市环卫局决定扩大垃圾分类倾倒、清除的范围，在各区选择一个街道进行试点，要求居民把菜皮、果壳、煤屑等倒入绿色垃圾桶，将废铁、玻璃、动物刺骨等倒入橘红色垃圾箱。这是首次试点更大规模的垃圾分类及废弃物资源化利用。

到了20世纪90年代，上海开始探索试行生活垃圾的分类投放、分类收集和分类处理。1995年，上海提出了生活垃圾无害化、减量化、资源化处置，正式拉开了规模化、体系化的生活垃圾分类序幕。2014年，《上海市促进生活垃圾分类减量办法》（简称《办法》）出台，进一步确定了生活垃圾分类标准为：可回收物、有害垃圾、湿垃圾和干垃圾。这正是延续至今的"四分法"。

2019年1月31日，上海市人民代表大会高票通过《上海市生活垃圾管理条例》（简称《条例》），标志上海生活垃圾分类进入立法强制保障时代。2019年7月，《条例》正式施行。近五年来，上海生活垃圾分类工作取得了有目共睹的积极成效。

本章将呈现上海垃圾分类的百年演进路线，展示《条例》立法及实施近五年来上海垃圾分类工作取得的重要成效，并以直观的数据图表展示相关成效。

Globally, garbage sorting has been an effective solution to the problems faced by cities surrounded by garbage. It helps control environmental pollution, reduce resource waste, lower disposal costs, and improve civilization standards. It is also a necessary part of achieving waste reduction, increasing resource utilization, and ensuring the safe disposal of municipal solid waste.

Garbage sorting in Shanghai dates back over a century.

For many elderly Shanghainese, the daily bell signaling it was time to take out their trash is a cherished memory. These bells appeared in the early 20th century, and on December 22, 1933, the Shen Bao newspaper published an announcement entitled "Garbage Disposal Method" on the subject. By the 1950s, Shanghai began to classify garbage for the first time, as residents began separating waste that could be used as fertilizer. Many people remember the food waste containers used in households at the time.

After the advent of reform and opening-up, Shanghai began developing rapidly, and the amount of household garbage generated also increased. In June 1984, Xinhua Street in Changning District conducted a trial of garbage sorting. The following year, the local environmental authorities decided to expand the scope of garbage classification dumping and cleaning. Selecting one street in each district as a pilot site, they required residents to put food scraps, fruit shells, and coal fragments into green trash cans, and scrap iron, glass, animal bone into orange trash cans. This was the first large-scale pilot of garbage sorting and waste reutilization in the city.

In the 1990s, Shanghai began to explore and trial garbage sorting from the source. In 1995, Shanghai proposed the "harmless, reduced, and reused" method of municipal solid waste disposal, officially launching a large-scale and systematic garbage sorting program. In 2014, the "Shanghai Municipal Measures to Promote Garbage Classification and Quantity Reduction" (referred to as the "Measures") were issued, further confirming the standard classification of municipal solid waste into four categories: recyclable waste, hazardous waste, wet waste, and dry waste. These four categories are still in use today.

On January 31, 2019, the Shanghai Municipal People's Congress passed the "Shanghai Municipal Household Waste Management Regulations" (referred to as the "Regulations" hereinafter), marking the era of legislative mandatory support for Shanghai's household waste sorting. In July 2019, the "Regulations" officially came into effect. Over the past five years, Shanghai's household waste sorting efforts have achieved remarkable positive results.

This chapter will present the century-long evolution of Shanghai's waste sorting, showcasing the significant achievements in Shanghai's waste sorting since the enactment and implementation of the "Regulations" over the past five years, and present relevant results through intuitive data charts.

百年演进
100 Years of Evolution

1976 年，南京东路外滩人行道上的废物箱和痰盂罐，可以视为早期的"干湿分离"
上海市地方志办公室供图

      自 1843 年开埠后，上海由一座普通县城发展成为现代化全球大都市，生活垃圾管理工作经历了形成、发展、衰退、恢复、振兴的进程。自 20 世纪 90 年代起，上海推行了几轮垃圾分类试点工作，使市民对"垃圾需要分类"的认知逐渐清晰。但由于缺乏完善的全程分类体系和法治保障体系，几次推行均止步于试点。

      回顾上海的百年生活垃圾管理工作的进程，方能理解在一个国际化的超大城市实施垃圾分类所要面临的挑战。

从上海开埠到改革开放前：
垃圾主要填坑，欠缺基本章法

上海自开埠至解放前，居民日常生活和店铺经营活动中所产生垃圾的处置方式，主要是通过人力车或农船等简陋的交通工具运至偏远郊区进行填坑。在这个阶段，生活垃圾的处置意识形态仅停留在把垃圾处理掉，且基本没有成文的生活垃圾处置管理工作要求。

上海自 1292 年立县至 19 世纪 40 年代，全城已有大街小巷 60 多条，人口 20 余万。除了巡道署及县衙门等重要部门周围的道路由夫役专门清扫外，大多数道路基本处于各家"自扫门前雪"的状态，不见有专业清洁队伍的文字记载。居民通常将生活垃圾随意倾弃在低洼处或江河沿滩，很多被倒在江河边的垃圾随着上涨的潮水流入江河。这时的人们还完全没有形成近现代意义上的生活废弃物处置观念。

清道光二十三年（1843 年），上海开埠后，由于外国列强竞相划地辟建租界，导致城市发生了重大变化，经济活动陡然增多、各项建设发展加快、城市化程度迅速提高。上海城市规模的扩大和人口的增长，导致街道清扫保洁需求量和生活垃圾清除量迅猛增加。当时仅公共租界清运到垃圾场的垃圾，一年就达到 10 万余吨。城市环境卫生的恶化引起了城市管理部门的注意。为此，公共租界专门雇佣"小工"清扫道路；华界道路的清扫则由清道局负责，清道专业队伍由此在上海初步形成。

19 世纪 60 年代末，公共租界工部局设专职卫生稽查员，并雇佣了一批华人劳工每天清扫 1 次租界内道路和弄堂。清同治十二年（1873 年），公共租界将每天清扫 1 次垃圾改为道路旁的垃圾每天清扫 2 次、里弄仍为 1 次。

19 世纪 80 年代之后，一些车辆和人流来往多的重要道路需要每天清扫垃圾 3—4 次。据记录，在 1872 年，仅从公共租界清运出垃圾 1142 车，加上船运出境的垃圾，合计达 15000 吨。

随着城市人口的不断膨胀，生活垃圾的产生量也在不断攀升，这导致市政部门的处理能力捉襟见肘。当时法租界的居民每天晚上将垃圾倾倒在道路旁，第二天清晨会有马车来清运，抑或堆在自家门口以待清除。但法租界当局规定每天垃圾清除后，白天不得重新倒出。华界的居民每天早晨将垃圾堆在自家门前，但碎碗、玻璃及有异味的垃圾不准倒在门外。与法租界相同的是，每天垃圾清除后，白天不得再次倾倒。尽管如此，居民仍旧会在里弄口或道路旁倾倒垃圾，以待市政部门清除。这便形成了许多垃圾堆点，使环境污秽不堪、居民怨声不绝。

同治十三年（1874 年），公共租界工部局曾设想建造固定的垃圾箱，以容纳居民生活垃圾。但另有意见认为"要引导居民将垃圾倒入垃圾箱是件困难的事情，将证明垃圾容器的用处不大，而其购买的费用很高"，最终租界当局放弃了这个设想。

直至光绪二十三年（1897 年）九月，公共租界才设置垃圾箱，并要求居民将垃圾倒入箱内。光绪二十五年（1899 年）至 20 世纪初，法租界与华界也先后分别设置垃圾容器，要求居民将垃圾倒入容器内。垃圾容器的设置，为改善里弄和道路上的环境卫生创造了条件。

到 20 世纪 20 年代末，公共租界的清道夫发展到 1300 余人；法租界地域范围较小，也雇了清道夫 132 人；华界地区有清道夫 501 人。对垃圾的处置方式，从简单的随处填坑、填洼、自然堆置发展到建设垃圾堆放场，采用灭蝇、防臭、覆盖等堆放与填埋工艺处置垃圾。公共租界于清光绪二十八年（1902 年）在龙华辟建一处垃圾滩。后来华界也在龙华嘴辟建一处垃圾滩，不仅解决华界地区垃圾处置的出路，还承接了租界的部分垃圾。

弄堂里摇铃收垃圾的场景，对于许多上了年纪的上海人还是记忆犹新的。这种方式早在 20 世纪初就已出现，首先在法租界部分区域内使用。民国五年（1916 年），垃圾车被装上了小铃，用铃声告知居民垃圾车即将经过，可将各自容器内的垃圾倒入垃圾车。

摇铃倾倒、清除垃圾的方式在上海南市老城厢地区也被广泛采用。民国十八年（1929 年），当时上海特别市卫生局针对有些居民逾时乱倒垃圾的情况，在南市实行摇铃收倒垃圾。民国二十三年（1934 年），因有的居民将垃圾随手倾弃于墙角、电线杆旁，或将粪便倾倒于垃圾箱内，有些地方则因垃圾容器不足，造成居民将垃圾随地倾弃，于是卫生局下令在南市废除水泥垃圾箱，并特制了一批铅皮垃圾桶，每户购买 1 只以积贮各自的垃圾。

当时，每日收集垃圾还是以摇铃为号，居民携桶将垃圾倒入车内，减少了随处倾弃垃圾的现象。民国三十五年（1946 年），卫生局制定《上海市垃圾倾倒办法》，并颁布《实施上海市垃圾倾倒办法告市民书》，规定自 5 月 1 日起，在东至黄浦滩（现外滩）、南至徐家汇、西至华山路、北至中山路的区域内，每天清晨 5 时起每日 1 次摇铃清除垃圾。错过摇铃倾倒的时间，禁止将垃圾倒在道路上或垃圾箱外。如违反垃圾倾倒办法，将给予罚款、拘留、停止供电等处罚。

直到 20 世纪 60 年代初，在部分垃圾车难以进出、不便设置垃圾箱的地区，仍采取摇铃清除垃圾的方法，1963 年后才逐步停用。

从各种史料来看，早在 20 世纪 20 年代的上海，市政部门就在讨论这个问题。1928 年 1 月 28 日《申报》刊载有关市政当局讨论垃圾处理的新闻中就有所提及。从中可读出，当时的垃圾处置（焚烧），已考虑到不同类型垃圾的区分，以及后续的处理方案。

1928 年 1 月 28 日《申报》刊载有关市政当局讨论垃圾处理的新闻
上海市地方志办公室供图

上海解放之后的 20 世纪 50 年代，农民利用垃圾作肥料的积极性高，但由于可以作农肥的垃圾（主要是厨余废弃的菜叶、鱼、家禽的内脏等有机物及煤球灰等）和不能用作农肥的垃圾（主要是老虎灶的煤渣和小型工厂企业委托环卫部门运输的一些废弃物）是混合倾倒、清除、运输的，农民在使用垃圾作肥料前增加了一道分拣的手续。

1955 年 10 月，为提高作为农肥使用的垃圾质量，上海在部分地区试行将能用作农肥与不能用作农肥的垃圾分类清除。分类清除有三种形式：

一是将居民生活垃圾装在下面，其他垃圾装在上面，先将上面的其他垃圾卸在码头集中后装船，居民生活垃圾直接装上农船；

二是将清除路线上的两种垃圾分别清除；

三是指定专人分别清除居民生活垃圾或其他垃圾，在清除居民生活垃圾时，拣出混有的碎玻璃、铁片等。经过试行，虽然作为农肥的垃圾的质量有所提高，但也遇到了一些困难，有诸多弊端。

1956 年后，在垃圾分类清除的基础上，上海在部分地区又试行了居民垃圾分类倾倒，要求居民将菜叶、煤球灰等有机物和碎玻璃、砖块、铁皮等分别倾倒。为此，在试行分类倾倒的地区将垃圾箱一隔为二，或

1959 年 2 月 20 日《新民晚报》刊载消息"提篮桥区……许多里弄严格实行垃圾分类"
上海市地方志办公室供图

另置一垃圾容器,并在垃圾容器上注明应倾倒哪一类垃圾。但这种分类倾倒垃圾的做法由于受到当时各种条件的局限,并没有巩固、推广。不少市民记忆中房前屋后收集厨余垃圾的"泔脚缸"就是源自那个时期。

改革开放后至专项分类前:
垃圾围城破题,管理要求初具

改革开放后,上海发展脚步更加迅速,产生的生活垃圾日益增多。随着外省市不再接收上海市的垃圾,在 1985—1992 年,上海不断寻找郊区垃圾堆放场,以解决垃圾出路难问题。其中 1991 年建成投运的老港处置厂一期工程和 1994 年建成投运的老港处置厂二期工程,初步实现市区垃圾以填埋处置方式的集中处理,基本解决了上海市市区垃圾处置难题。

在这个阶段,生活垃圾的处置意识形态虽然初具一些处置管理要求的雏形,但未全部形成生活垃圾无害化处置格局。

20 世纪 80 年代后,农村生产方式发生变化,化肥供应充沛、使用方便,致使用垃圾作肥料的情况日益减少。居民垃圾中不能作肥料的杂质约占三分之一,不仅肥效不高,而且其中混有碎玻璃、铁皮等利器,常将农民的手脚刺破。

为提高垃圾的肥效、解决垃圾出路难问题,1984 年 6 月,长宁区新华街道试行了垃圾分类倾倒、清除的办法,要求居民将日常生活中产生的煤球灰、菜皮等可作农肥的垃圾与碎玻璃、铁皮等利器分开,分别倒入不同的垃圾容器,并将废砖、石块等建筑垃圾倒在指定堆放点,然后分类清除。其中,煤球灰、菜皮等送到农村作肥料,碎玻璃、铁皮等进行分拣后送废品回收站。

1985 年,市环卫局决定扩大垃圾分类倾倒、清除的范围。自同年 3 月始,各区选择 1 个街道进行试点,要求居民把菜皮、果壳、煤屑等倒入绿色垃圾桶;将废铁、玻璃、动物刺骨等倒入橘红色的垃圾箱;修建、

20 世纪 80 年代后期上海开始实行的居民区垃圾袋装化处理

《上海环卫志》供图

装饰房屋产生的建筑垃圾倒在指定的垃圾集中点，由环卫部门分类清除。但这种垃圾倾倒、清除方式需要有相应的设备、设施、场地和有关部门的支持，尤其是垃圾分类清除只在部分街道试点，而大部分垃圾在船舶装运中又混合了。由于费时费力，也没有达到分类的目的，这种清除方式后来就自然停止了。

　　1987 年 2 月，普陀区环卫所在曹杨街道的 3 个居民委员会（简称居委会）进行生活垃圾袋装化试点。要求居民将垃圾先装入塑料袋，扎好袋口，在上午 5 时至 8 时、下午 4 时至 7 时的规定时间内，投放到垃圾房的垃圾桶内。垃圾房有专人管理，每天定时清除垃圾。在倾倒垃圾的时间外，垃圾房关门上锁。

同年 11 月，曹杨街道的 18 个居委会 17429 户居民全部实现生活垃圾袋装化。根据对曹杨街道 200 户居民家庭进行垃圾袋装化试行意见的抽样调查，赞成的占 79%、反对的占 18%、不置可否的占 3%。到 1991 年初，又对 340 户居民作了抽样调查，对垃圾袋装化表示赞成的达到 97.7%。垃圾装入塑料袋，也减少了垃圾对铁质垃圾桶的腐蚀，延长了垃圾桶的使用时间。

1988 年 4 月，黄浦区率先在全市实行了垃圾定时倾倒、清除试点。位于市区中心的黄浦区浦西区域，有不少老式里弄，人口密度高。设置数百只水泥垃圾箱供居民随时倾倒垃圾，虽然方便了居民，但垃圾箱周围常有散落的垃圾，招引苍蝇，影响周围的环境卫生。黄浦区环卫所为改善此类情况，在地处福建路、无锡路口改建了第一只封闭式垃圾箱，对原来随时敞开的垃圾箱，实行上、下午定时敞开以倾倒垃圾，在上午 9 时至下午 4 时封闭起来。落实专人管理，封闭前将散落在周围的垃圾扫清，垃圾在夜间定时清除。

1988 年 5 月 15 日起，黄浦区浦西区域及浦东部分地段开始实行垃圾定时倾倒、定时清除。白天大部分时间封闭垃圾箱，改善了周围的环境卫生。这种垃圾清除方式不仅在使用水泥垃圾箱的地区应用，而且有些使用活动垃圾箱、桶的地区，也对放置活动垃圾桶的垃圾房加门装锁，实行定时倾倒、定时清除。同年，徐汇区在全区范围内，以及杨浦、虹口、普陀、闸北、静安等区在部分街道先后实行垃圾定时倾倒、定时清除。

到 1989 年，这种清除方式已在普陀、长宁、静安、徐汇、卢湾、杨浦等区的 51 个居委会 51500 户居民中实行，日均清除垃圾约 36 吨。为推广垃圾袋装化，卢湾等区政府召开现场会议进行推广，使垃圾袋装化地段稳步扩大。

从实施情况来看，这种垃圾清除方式也给居民带来了一些不方便。在垃圾箱封闭的时间内，原来可以随时倾倒的垃圾，现分散存放在居民家中，无遮无盖。有些居民反映，垃圾箱周围是干净了，但每家出现了一个小"垃圾堆"。

为巩固垃圾定时倾倒、定时清除的方法，1989 年，黄浦区采取由区政府、街道、居民三方共担经费的方法，定制有盖塑料垃圾圆桶 11 万只，使里弄和居民家庭的环境卫生一起得到了改善。

1992 年，市区已有 824109 户使用煤气的家庭实行了垃圾袋装化，占煤气用户总数的 60.12%，其中普陀、长宁两区占煤气用户的 70% 以上。至 1994 年，全市 14 个区煤气化居民户，生活垃圾袋装化比较巩固的约占 70%；非煤气化居民户，生活垃圾袋装率约为 38%。

专项分类时期：“三化”建设启幕，监管愈加全面

20 世纪 90 年代，上海开始探索试行生活垃圾的分类投放、分类收集和分类处理。根据上海市环卫“十五”计划目标，垃圾处置最终实现填埋、生化、焚烧等多元综合处理技术。

1995 年，上海提出了生活垃圾无害化、减量化、资源化处置，正式拉开了规模化、体系化的生活垃圾分类序幕。通过有机垃圾、无机垃圾、有害垃圾三分类的方式开展小规模试点。

1996 年，《上海环卫系统“九五”改革发展纲要》出台。市容环境卫生管理工作开始由狭义的内部专业管理，逐渐向全社会、全方位的社会管理转变。

1997 年，普陀区曹杨新村试点新型垃圾房。垃圾房排放着红、黄、绿三只不同颜色的垃圾箱，分别对应有害垃圾（如废旧玻璃灯管、废干电池等）、无机垃圾（如废纸、塑料、铁器等）、有机垃圾（如瓜果、菜蔬等厨房垃圾）。曹杨新村还引进了一台日本产的有机垃圾处理设备，能将有机垃圾转化为颗粒状的有机肥料，还具有除臭功能。

1998 年，上海的生活垃圾分类开始以废玻璃、废电池“两废”专项回收为抓手，再次明确了将垃圾分为有机垃圾、无机垃圾、有毒有害垃圾三类。

居民们也开始渐渐理解，垃圾分类收集的意义是“三化”：垃圾减量

1996 年 8 月 17 日《文汇报》文汇特刊版面刊载《垃圾分类收集带来观念革命 上海人，你准备好了吗》
上海地方志办公室供图

化、无害化、资源化。这就要求对垃圾进行分类处理，而分类收集正是此过程的第一步，也是至关重要的一步，意义重大。

2000 年，上海作为建设部确定的全国 8 个垃圾分类试点城市之一，启动首批 100 个小区垃圾分类试点工作，重点推进焚烧区垃圾分类，将"有机垃圾、无机垃圾"调整为"湿垃圾、干垃圾"。随着末端处置设施的变化，各区（县）按照生活垃圾最终处置设施的要求，将焚烧区垃圾分类按焚烧对象调整为：不可燃垃圾、有害垃圾、可燃垃圾；其他区垃圾分类调整为：可堆肥垃圾、有害垃圾、其他垃圾。

2001 年，结合亚太经济合作组织（APEC）会议对市容环境建设的要求，垃圾分类在涉会宾馆、景点、道路、周边小区被重点推进。有条件的小区要求建立有机垃圾生化处理站，就地处置居民厨余垃圾。截至 2001 年底，中心城区有超过 30% 的地区推行垃圾分类收集，树立垃圾分类收集的示范小区 75 个，建设有机垃圾生化处理站 39 座；截至 2002 年底，上海推进垃圾分类收集的小区数超过 2000 个，服务约 150 万户居民。

2002 年 4 月 1 日，《上海市市容环境卫生管理条例》施行，焚烧厂服务区域全面启动了生活垃圾分类收集，开展了餐厨垃圾处置的扩大试点工作。

2003 年起，为配合御桥、江桥垃圾焚烧厂的运行，重点推进焚烧厂服务地区的 1121 个居住小区按可燃垃圾、废玻璃、有害垃圾三分类进行垃圾分类收集。各区按分类要求负责推进，并把该项工作列入中心城区"文明小区""文明社区""文明城区""健康城区"等创建工作的考核指标。中心城区垃圾分类收集小区 2523 个，覆盖率达 71%。郊区新城、中心镇启动垃圾分类收集。截至 2006 年，开展分类收集小区数达 3700 余个，覆盖居民约 300 万户。全市垃圾分类覆盖率已超过 60%，焚烧厂服务区域覆盖率超过 90%。

御桥和江桥两座千吨级大型生活垃圾焚烧发电厂相继建成投入运营，日处置垃圾量约 2000 吨，解决了浦东、黄浦、静安、普陀、闸北、长宁、嘉定等区的部分垃圾处理问题。同时，垃圾焚烧回收的电能除满足本厂自用外，多余的电能纳入电网对外发售，做到废物利用、变废为宝。在取得一定的社会效益和环境效益的同时，又取得较好的经济效益。

这个阶段，生活垃圾的处置意识形态基本明确以减量化、资源化和无害化为目标，各项管理要求也越发严格，主要体现为管理文件更加规范、监管手段更加全面。

2007 年正式实行"大分流、小分类"收集物流模式，一次性塑料饭盒、餐厨垃圾、废弃食用油脂实行专项收运，大件垃圾、装修垃圾单独投放，其他生活垃圾实行"四分法"。2007 年 12 月，市容环境卫生管理局印发《关于进一步开展本市居住区生活垃圾分类新方式试点工作的通知》，在全市 19 个区（县）范围内选取 100 个小区，进行生活垃圾"四分类"试点（有害垃圾、玻璃、可回收物、其他垃圾四类），为期 5 个月（2007 年 12 月—2008 年 4 月），实行分类收集、分类运输、分类处置。

2008 年 9 月，党政机关、企事业单位办公场所试行生活垃圾"蓝红黑"三色分类,三色分别代表可回收物、有害垃圾和其他垃圾。2008年底,上海分类新方式覆盖居住区1487个、服务人口约200万人、办公场所1022个、公共场所道路107条段(涉及废物箱5487组)。全过程分类物流系统基本建立,全市设置有害垃圾、玻璃中转点63个,配置使用分类专用收集车65辆,分拣出的玻璃、有害垃圾、可回收物生活垃圾占垃圾总量近2%。

2010年,上海市政府下发了《关于进一步加强本市生活垃圾管理若干意见》与《上海市人民政府办公厅转发市绿化市容局等十五部门关于推进本市生活垃圾分类促进源头减量实施意见的通知》两个重要文件,将垃圾分类工作列为"百万家庭低碳行,垃圾分类要先行"市政府实事项目,提出要以2010年为基数,逐年减少人均生活垃圾处理量,到2015年减少20%。

2010年的世博会给上海带来垃圾分类的重要经验,上海进入分类标准重点完善阶段。上海"绿色账户"机制,以积分兑换形式鼓励市民参与,倡导"换出更绿色的上海——垃圾分类新理念"。

2012年,上海市政府成立市生活垃圾分类减量推进工作联席会议,明确了上海市城乡建设和交通委员会(简称市建设交通委)、上海市妇女联合会(简称市妇联)、上海市精神文明建设委员会办公室(简称市文明办)、市绿化和市容管理局等为牵头部门,其他市级成员单位主要是按照

2008年,上海最大的生活垃圾中转站——上海浦东固废中转运营中心投入使用
董俊 摄

条线职责推进对口任务。各区（县）主要任务是落实属地管理职责，抓好辖区内垃圾分类减量工作。

2012 年 10 月，原上海市废弃物管理处通过委托专业第三方检测单位，对市级设施污染物进行定期检测，切实掌握运营过程中对环境影响的情况。2013 年 5 月，第一次引入第三方运营监管单位进驻老港焚烧厂一期，行使监管职能，开展生活垃圾焚烧设施运营驻场监管工作。

2014 年，《办法》出台，进一步确定了生活垃圾分类标准为：可回收物、有害垃圾、干垃圾和湿垃圾。这标志着垃圾分类进入法制化轨道。2014 年 5 月，"垃圾去哪儿了"公众科普体验系列活动正式启动，既让群众了解了生活垃圾运输、处置的过程，又增加了实施的透明度，便于群众监督。

2015 年，全市落实"一主多点"规划布局，于老港固废综合利用基地内建成再生能源利用中心一期、综合填埋场一期等项目，金山、浦东、奉贤、崇明、松江等区的设施建成并投入运营，全市生活垃圾末端处置设计能力达到 25500 吨 / 日。其中焚烧处理率约 50%，生活垃圾无害化处理率达到 100%。生活垃圾分类覆盖居民达 380 万户，"绿色账户"服务范围达 100 万户。推进有害、干、湿垃圾分类运输和分类处理系统建设，湿垃圾处置能力达 1900 吨 / 日。

党的十八大以来，生态文明建设纳入了"五位一体"总体布局，习近平总书记用"绿水青山就是金山银山"形象而深刻地阐述了绿色发展的要义。垃圾治理作为环境保护的重要内容，日益受到重视。党的十九大报告明确指出"加强固体废弃物和垃圾处置"。

2017 年，国务院办公厅印发了《生活垃圾分类制度实施方案》（简称《方案》），上海市政府先后出台《关于建立健全本市生活垃圾全程分类体系的实施方案》和《关于建立健全本市生活垃圾可回收物回收体系的实施意见》等指导性文件。

至此，上海初步形成了生活垃圾分类"规划引领、政府引导、市场运作、社会参与"的基本格局，"技术系统、政策系统、社会系统"建设初显成效。截至 2017 年底，上海 60% 以上的居住区实现了垃圾分类服务覆盖，约 50% 的居住区推行了"绿色账户"；单位生活垃圾强制分类制度初步建立；上海成为首批通过国家农村垃圾综合治理验收的省市；静安区和松江区成为全国首批垃圾分类示范城区；奉贤区、崇明区和松江区成功入选全国首批 100 个农村生活垃圾分类示范区创建申报名单。

2018 年，上海市进一步出台《上海市生活垃圾全程分类体系建设行动计划（2018—2020 年）》，把垃圾分类作为上海建设创新之城、人文之城、生态之城的重要路径，逐步建成生活垃圾分类投放、分类收集、分类运输、分类处理的全程分类体系，确立 4 个方面 15 项 29 件工作任务，实现全程分类体系运行标准化、管理精细化，全面融入城市精细化管理。

强制分类阶段：管理能力提升，法律逐步健全

2018 年 11 月，习近平总书记在上海虹口区市民驿站嘉兴路街道第一分站考察时强调，垃圾分类工作就是新时尚！垃圾综合处理需要全民参与，上海要把这项工作抓紧抓实办好。

为切实做好生活垃圾分类工作，2019 年 1 月 31 日，上海市十五届人大二次会议高票通过《条例》。2 月 18 日，市政府办公厅印发《贯彻〈条例〉推进全程分类体系建设实施意见》的通知。2 月 20 日，上海召开生活垃圾分类万人动员大会，时任中共上海市委书记李强面向全市发出了垃圾分类动员令。2 月 21 日，全国城市生活垃圾分类工作现场会在上海举行。

2019 年 7 月，《条例》正式施行，上海生活垃圾分类进入立法强制保障时代。基于立法调研过程中大量的社区民意调查和前期实践工作基础，在国务院垃圾分类方案的指导下，上海地方立法决定沿用"四分类"标准，延续上海分类模式，深入推进生活垃圾分类工作。自此，垃圾分类进入全市动员、全民参与的新阶段。

五年飞跃
A Five-Year Leap

2019 年 11 月 17 日，一年一度的上海国际马拉松赛（简称"上马"）举行，为贯彻垃圾分类条例，主办方首次在跑道沿线放置垃圾分类回收箱，供长跑运动员分类投掷垃圾，成为该届"上马"亮点之一
赵立荣　摄

在当下的中国，推行垃圾分类是解决垃圾问题的重要一步。垃圾分类是经济与社会高度发展的产物，是社会进步和生态文明的标志，也是实现生活垃圾减量化、资源化、无害化的有效方式和必由之路。

作为中国垃圾分类探索的先行者，上海垃圾分类立法实施近五年来，取得了积极成效。从"扔进一个筐"到"细分四个桶"，从"规定工作"到"自觉动作"，从"新时尚"到"好习惯"，垃圾分类成为上海以"绣花功夫"推进基层治理的缩影，也为超大城市践行习近平生态文明思想提供了生动实践参考。

从源头到末端：全程分类体系基本建成

　　"我在家里分类好了，垃圾车来拉的时候又混在一起了。"在上海早期垃圾分类推进的过程中，这种"分类无用论"的舆论常常占据上风，导致垃圾分类工作难以推进、停滞不前。因此，如果仅仅强调前端的分类投放，无法建立后续的分类收集、分类运输、分类处置环节，垃圾分类只能流于形式、浮于表面，其所伴生的混装、混运、混处问题极大挫伤了广大市民垃圾分类的积极性。为了彻底解决这个问题，上海市按照《上海市生活垃圾全程分类体系建设行动计划（2018—2020年）》部署，从源头到末端，逐步完善垃圾分类的前端、中端和后端的系统工程。在近五年的实践中，基本建成了生活垃圾全程分类体系。

　　在垃圾分类前端，居民投放便利度持续提高。

　　居民发现垃圾分类模式简化了，清晰易懂，只需要按照"一严禁、一

上海生活固废集装转运虎林基地
上海市绿化和市容宣传教育中心供图

鼓励、两分类"的要求即可：首先严禁有害垃圾混入其他垃圾，其次鼓励将可回收物交售可回收物回收服务点，最后把干垃圾、湿垃圾分开投放。在小区里，按照"一小区一方案"，各居住区因地制宜、科学合理设置投放点位和开放时段，引导居民逐步养成分类投放习惯。

为了营造"方便大家分、引导大家分"的分类投放环境，不断提升群众垃圾分类的便利性和获得感，全市完成了约 2.1 万个居住区垃圾投放点的改造，并在投放点配套设置洗手装置、消毒除臭设备、辅助破袋工具等便民设施。同时，按照容器、标识、宣传、公示、配置的"五规范"，普遍开展道路、公共场所等地的废物箱投放口改造，引导市民养成公共场所分类投放的习惯。

在垃圾分类中端，各类配套设施的适配度持续完善。

上海按照"大分流、小分类"的基本路径，逐步建成适应"四分类"要求的生活垃圾运输、转运体系。在运输、转运设施设备上，全面实现专车专用、专箱专用。截至 2022 年底，全市规范配置湿垃圾车 1790 辆、干垃圾车 3468 辆、有害垃圾车 129 辆、可回收物回收车 522 辆。在收运要求和频次上，全面实现与垃圾理化特性相匹配。例如，湿垃圾实行密闭收运、日产日清，并在高温季节适当增加清运频次，减少对周边环境影响。

此外，上海根据"政府引导、市场运转"的原则，重构了可回收物回收体系。按照《上海市可回收物回收体系建设导则（2020 年版）》要求，中心城区每 500—1000 户、乡镇每 1000—1500 户居民设立 1 个服务点，每 1—2 个街道（乡、镇）至少设立了 1 个中转站（外环内区域考虑空间限制，可两个街道统筹共建），各郊区至少配置了 1 个集散场，实现区域内生活源再生资源集散、转运。目前，全市已建成 1.5 万余个可回收物回收服务点、198 个中转站、15 个集散场，点站场体系框架基本建成。

在垃圾分类末端，资源化利用与无害化处置投入的保障力度持续加强。

目前，上海全市生活垃圾资源化利用和无害化处置总能力已达到 3.6 万吨/日以上，在 2021 年 11 月底已全面实现原生生活垃圾"零填埋"。

遵循减量化、资源化、无害化的原则，干垃圾采用焚烧等方式进行无害化处置，湿垃圾采用生化处理、产沼、堆肥等方式进行资源化利用或无害化处置，有害垃圾采用高温处理、化学分解等方式进行无害化处置。

湿垃圾资源化利用水平不断提升。目前，全市湿垃圾资源化利用总能力超过 8000 吨 / 日。其中，湿垃圾集中设施 10 座，7 座设施采用厌氧产沼工艺，能力为 5550 吨 / 日；3 座采用好氧发酵工艺，能力为 1130 吨 / 日；另有湿垃圾分散处理能力超过 1800 吨 / 日。到 2022 年底，全市生活垃圾回收利用率已达 42%，处于全国领先水平。

焚烧处理托底保障能力不断增强。"十三五""十四五"期间，上海市大力推进生活垃圾分类焚烧设施建设。目前，全市已建成投产焚烧设施 15 座，总设计处理能力达到 28000 吨 / 日，已远超上海市干垃圾的日均产生量。在生活垃圾处理能力有余量的情况下，鼓励焚烧设施提高设施运营效率，统筹考虑运营负荷，协同处置一般工业固体废物（简称固废）。

从想要分、能够分到分得好：
市民自觉分类习惯逐渐养成

近年来，居民的环保意识普遍增强，逐步认识到垃圾分类的必要性。但进行实际操作时，居民的参与度和分类的准确度仍与其认知水平有一定差距。根据 2013 年国家统计局上海调查总队在全市 100 个居委小区随机抽取 100 名居委干部、200 名保洁员和 2000 名居民的专项调查显示，98.9% 的市民愿意进行垃圾分类，不愿意的仅占 1.1%，但仅有 26.4% 的市民表示"总能做到"垃圾分类投放。实践证明，"二次分拣"等严重依赖人力、财力的分类方式，在普遍推行垃圾分类后是不具有可持续性的。

十年来，居民的垃圾分类参与度显著提升。根据 2023 年上半年垃圾

上海长宁区志愿者协助居民生活垃圾分类
上海市绿化和市容宣传教育中心供图

分类实效测评结果显示，居民区分类达标率从《条例》施行前的 15% 提高到 95%，单位分类达标率也达到 97%。经过近五年的垃圾分类实践，居民的分类意愿在想要分、能够分、分得好三方面都发生了积极的变化。

想要分：居民基本养成"定时定点"投放垃圾的习惯。

定时定点分类投放垃圾是建立完善分类投放行为即时反馈机制的关键，有助于规范垃圾分类行为。一方面，"定点"（撤桶并点）减少了居住区污染源、硬件设施成本、保洁员工作量；另一方面，"定时"使得在居民投放期间，志愿者能够在旁指导居民正确分类投放垃圾，并开袋检查，做到"检查在点位、督导在点位、宣传在点位"，以提升居民垃圾分类正确率，从而养成源头分类的好习惯。

能够分：社区"三驾马车"在党建引领下有效"跑"起来。

垃圾分类作为社区基层治理的重要内容，如何推动居委会、物业公司、业主委员会（简称业委会）发挥各自优势，将社区各方力量拧成一股绳是关键。上海市将垃圾分类工作纳入基层，尤其是居民区党组织管理工作职责，通过党建引领，形成了社区党组织、居委会、物业公司、业委会合力抓实的四级垃圾分类联席会议制度，特别是落实街镇联办及居（村）委每1—2周的垃圾分类工作分析评价制度，发挥居民自治功能，充分调动居民的积极性和主动性。

比如，静安区共和新路街道、宝山区大场镇小区居民和物业就地取材、自主研发各类"破袋神器"，破解居民湿垃圾破袋投放时弄脏手的烦恼；嘉定区菊园新区成立房地产经纪企业"绿色联盟"，将垃圾分类写入房屋租赁合同条款，以此约束租客履行分类义务；安亭镇赵巷村将垃圾分类纳入村规民约，推动垃圾分类成为全体村民的自觉行动；松江区九亭镇设计了垃圾分类形象大使，带领志愿者上岗；泖港镇探索形成适合农村地区的"一户两桶，干湿分类""废品回收、资源利用""一村多点、就地处置"的垃圾分类推进模式，为农村垃圾分类推进工作积累了重要经验。

分得好：居民的分类感受度、参与度、满意度得到切实提升。

在社区里，通过"入户宣传"加强宣传的针对性、有效性。比如，推广垃圾分类典型示范居住区的做法，由居委或楼组干部"百分百入户"宣传、定时定点指导监督，为居民提供更加方便的知识查询和信息获取渠道（如"上海发布"微信公众号的垃圾分类查询功能），提高居民垃圾分类意识和参与率。

在公共环境中，通过"媒体宣传"提升知晓率、支持率。比如，市政府召开新闻发布会和媒体通气会等加强政策解读；市委宣传部牵头推进垃圾分类宣传，加大公益宣传频次和覆盖面，宣传普及垃圾分类知识；每月5日开展垃圾分类"主题宣传日"活动，让垃圾分类理念进社区、进村宅、进学校、进医院、进机关、进企业、进公园。

在全民科普上，通过"教育培训"深化共识、提升认知。比如，制定生活垃圾全程分类宣传指导手册、推出"垃圾分类听民声——区长对话居民"大型专题访谈、推动垃圾分类进课堂（制作垃圾分类知识读本幼儿园版、小学版、中学版）等多种形式，全面推动社会参与。

从试点到实践：配套制度规范日趋完善

《条例》能顺利落实，离不开上海市相关部门的积极主动作为。据统计，上海迄今已发布相关政策制度、标准规范等共计 54 项配套文件。

比如，颁布了专项补贴政策，支持生活垃圾分类与可回收物回收。

一方面，通过以奖代补，创建示范街镇，提高属地街镇参与垃圾分类的积极性。2019 年，上海发布了《上海市生活垃圾分类专项补贴政策实施方案》（沪绿容〔2019〕500 号）。2018—2020 年，完成示范街镇创建、复核及复评的街镇，由市财政按照街镇户数予以分档定额补贴，补贴标准为：小于 2 万户的街镇给予 160 万元补贴，大于 2 万户（含）并小于 4 万户的街镇给予 320 万元补贴，大于 4 万户（含）的街镇给予 500 万元补贴。补贴资金分批进行拨付，创建成功当年给予补贴标准的 80%，第二年复核通过拨付剩余 20%。若第二年复核未通过，则扣回上年拨付的 80% 补贴资金。如街镇在第三年通过示范街镇复评，则额外给予补贴标准 30% 的复评奖励。

另一方面，大力扶持可回收物回收体系建设，促进资源增量、垃圾减量。在硬件建设方面，对 2018—2020 年建成并达到运行实效的回收服务点和中转站，由市财政给予一次性补贴支持。补贴标准为：服务点按照 1.5 万元 / 点位进行补贴，中转站按照 1000 元 / 平方米（最高不超过 50 万元）进行补贴。在促进低价值可回收物回收方面，按照"以区为主、市场化运作、政府补贴"的原则，明确各区政府为生活垃圾可回收物补贴的实施主体，对区内确定的企业，在本区内回收利用的生活垃圾可回收物按照回收总量给予支持，用于补贴市场价格，以及分类、回收、转运、处置等环节的投入。

健全制度保障：控制垃圾总量，补偿跨区处置。

为促进经济、社会、人口和资源环境的可持续发展，首先要控制生活垃圾总量。《上海市生活垃圾总量控制办法》规定，要控制生活垃圾总量增速低于人口规模、经济社会发展增速。控制目标为提高可回收物和湿垃圾资源化利用量，并有效控制干垃圾焚烧发电总量。

上海制定了生活垃圾跨区转运处置环境补偿政策，按照"谁导出，谁补偿；谁导入，谁受偿""导入越多，受偿越多；导出越多，补偿越多"等原则执行。自 2017 年 1 月 1 日起，对垃圾导出区的补偿资金征收标准调整为 100 元 / 吨。垃圾导入区的补偿资金分配标准调整为：浦东新区 95 元 / 吨、嘉定区 50 元 / 吨、普陀区 45 元 / 吨、宝山区 10 元 / 吨、徐汇区 10 元 / 吨。

制定分类规范：不分类、不收运，不分类、不处置。

在规范垃圾分类收运行为上，上海建立了"不分类、不收运，不分类、不处置"的监督规范。在分类收集环节，开放面向公众的监督举报平台，形成市民与分类投放管理责任人双向监督的机制。在分类收运环节，杜绝混装混运，实行"不分类、不收运"制度，建立倒逼机制；同时强化中转站进场垃圾的品质控制，推进湿垃圾品质智能识别系统的建设，拒收分类品质不达标的生活垃圾。在分类处置环节，推进末端处置企业进场垃圾的品质自动监控、来源全程追溯，拒绝处理未分类或不符合品质管理要求的生活垃圾。

作用与成效
Functions and Effectiveness

垃圾分类是城市可持续发展的重要体现

李志青 / 复旦大学环境经济研究中心主任

自 2019 年开始贯彻实施《条例》以来，上海在垃圾分类上取得了积极成效，城市生活垃圾治理水平有了显著提升。在推进城市垃圾分类的过程中，优化源头投放管理、完善可回收物体系建设以及提升资源化利用水平等措施功不可没。

垃圾分类为社区组织模式创新提供了哪些宝贵经验？

笔者总结目前上海垃圾分类的各种案例和主要做法，以党建引领、社区治理和经济激励等为驱动力的背后，主要是四种社区组织模式，而这四种模式不仅助力上海垃圾分类取得了亮眼的成绩，同时也为上海开

虹口区宇泰景苑垃圾分类后的堆肥成果
上海市绿化和市容宣传教育中心供图

展社区工作提供了宝贵经验。垃圾分类作为一个"项目",也在近五年的实践中"锻炼"了四种不同的组织管理方法。

一是党建引领,构建社区善治模式。

以中华别墅小区为例,最显著的特点是由党员作为社区积极分子带头,形成了"党建引领+居民自治+政府治理+社会组织参与=社区善治"的模式。其中,党建引领是政治保障,居民自治是主体保障,政府治理是外在保障,社会组织参与是专业保障。党建引领将社区中的多种组织(例如居委会、业委会、物业公司、群众团队、志愿者组织等)有机地整合起来,为各种议题的解决缔造了一个协商共治的平台;居民自治则直接促生了大规模的积极行动者;政府治理实现了政府与社区的有效对接,把社区治理的积极成果转化为整个城市、整个社会的治理成果;社会组织参与为社区治理提供了专业化的知识和方法,进而构成了中国社区的善治形态,并以此规范垃圾分类的群体行为。

二是用居民自组织的"社区营造"带动垃圾分类。

利用"社区营造"理念,树立"社区景观"这类可见可触摸的活动,激发社区居民的环保积极性,从而间接推动垃圾分类的施行。所谓"社区营造",就是从社区生活出发,集合各种社会力量与资源,通过社区动员和行动,完成自组织、自治理和自发展。"社区营造"既能满足社区居民的基本需求,更能营造出社区公共空间,创造出一些独特的社区景观,充分整合"人、文、地、景、产",让普通居民拥有环保建设的参与感与获得感,进而形成良性循环。

合理利用社区空间,是实践"社区营造"的最大抓手。如"四叶草堂"正是在社区的"边角料"做文章,形成共治格局。以此拓展上海其他土地,经过土地集约整治和"五违四必"整治,部分存量土地重新聚拢,大量的社区空间再次整合释放。这种"空间的打碎重聚"示范窗口为构建新型生态环保社区提供了难得机遇。

三是"能人"和非政府组织带领,从"+垃圾分类"走向"垃圾分类+"。

根据调研,居民区垃圾分类的工作流程一般是通过居民活动,如妇联活动、党员大会、亲子活动等广泛宣传垃圾分类的相关知识和推广意义，形成各种活动"+垃圾分类"的宣传氛围，再通过 3 个月的强制监督进行行为纠正，社区内的"积极行动者""观望者""破坏者"开始积极加入，形成"垃圾分类+"引领下的居民参与和居民共治。环境教育不仅具有普及自然环保知识的功能，更为重要的是能够带动辖区最大范围内的居民参与社区活动的积极性，而能够最大范围覆盖社区居民的活动便是垃圾分类。垃圾分类从本质上是一种基层的社会互动，从各项社区活动嵌入垃圾分类逐渐变为由垃圾分类引领社区各项活动，激发居民自治积极性。

"垃圾分类+"可以成为城市治理的重要支点。垃圾分类改变的不仅仅是生态，还有人的观念与行为，以及整个社会的治理文化。梅陇三村和中华别墅小区在成功推行垃圾分类的过程中，就孕育出了"垃圾分类+"的治理格局，如"垃圾分类+环保""垃圾分类+社区教育""垃圾分类+志愿服务"等。垃圾分类作为典型的连接型支点，它不仅能够将不同的居民、不同的社区组织连接起来，还能将政府与社区、社区与整个社会连接起来。随着上海以及其他城市中各区域、各群体间关联和互动程度的提高，生态安全已经成为所有人关注的议题，通过物理隔绝以保证空气安全、水质安全乃至生态安全的时代已经一去不复返了。"垃圾分类+"已经成为撬动城市社会治理和社区治理的有效支点。

四是居民兴趣小组衍生为区域枢纽平台。

部分社区以环保为主题开展活动，实现了社区自治与共治相交融。通过组织整合、项目整合、空间整合，推动了基层社会中"人"的再组织化和内在动力的形成。在组织整合方面，不同身份、不同背景的居民被吸纳进各类组织中，孵化生成了如"绿主妇"环保行动小组、爱心编织社等多种类型的社区自组织。围绕废弃物回收、垃圾分类、蔬菜种植等活动，在社区党组织的引领下，街道办、居委会、社区学校与各种类型的社会组织、科技企业、高校和科研院所等开展了协同行动，根据项目发展不同阶段的实际需要和各自能力、优势，提供人力、物力、财力、智力等各种资源，多元主体有效配合，共同发挥作用。

在项目整合方面，以梅陇社区为例，最初的环保行动仅有资源回收利用，后来加入了"一平方米小菜园"项目，直到垃圾分类减量。项目选择上都与居民日常生活紧密相连，接了地气、聚了人气，可复制、可推广。项目之间构成的有机联系确保了整体的延续性。成为环保户的居民可以凭借零废弃回收卡上的积分免费领取"一平方米小菜园"项目中的秧苗、环保企业提供的有机食品，而种植有机食品的部分肥料又来自居民的厨余垃圾，从而形成了高效运转的项目网络。同时也确保了这个网络真正成为各种原料和资源有效流通的渠道。

可以看到，通过多方整合，不仅实现了社区环保理念和行为的飞跃，在此过程中还完成了"生人社会"向"熟人社会"的转变，形成了有效的居民自治平台。总之，区别于传统意义的垃圾分类模式，将垃圾分类与社区环境要素治理相结合，例如良好的空气、周围水体、小区植被绿化等，使垃圾分类从"要我分类"转换至"我要分类"。

垃圾分类对城市可持续发展的价值表现在哪些地方？

综合以上垃圾分类实践，上海的垃圾分类无疑是可持续发展在城市层面的一个重要实践，对于我们完整理解和持续推进城市的绿色发展具有重要意义。

首先，垃圾分类有助于城市探索建设和完善可持续发展体系。以垃圾分类实践为代表的可持续发展，既是人口资源环境与经济发展协同齐头并进的体现，同时也是从可持续发展理念和意识的形成到可持续发展行动和行为落地的一个系统工程，生产和生活等各个环节缺一不可，要从源头着重探索可持续发展的顶层设计、制度设计和具体办法及措施。

其次，垃圾分类有助于城市探索"闭环"的可持续发展模式。可持续发展过程本身也要讲究可持续，其核心在于能否形成从源头投入（成本）到末端产出（收益）的闭环系统。垃圾分类既可以改善城市生态环境，也可以使参与分类、运输和回收等环节的主体获得实实在在的好处和激励，只有这样才能够让垃圾分类的制度安排走得更加长远。这对于城市可持续发展的可持续而言至关重要。

最后，垃圾分类有助于城市探索政府、市场、社会有机融合的可持续发展治理框架。在垃圾分类过程中，可以看到政府、市场、社会各司其职，分别在引导培育、激励机制、社会监督等方面发挥各自作用，其本质是搭建一个相关利益主体构成的有机治理框架，明确各方在可持续发展过程中的职能、边界，相互融合、相互合作，推动形成包含垃圾分类等在内的可持续发展共识。在此，开门立法的政府职能转换、重在利益分配的市场机制和强调全面参与的社会监督都有利于促进城市可持续发展的积极成效。

垃圾分类是城市精细化管理的集中展示

李显波 / 上海发展战略研究所所长

作为人口数量庞大的超大城市，上海生活垃圾管理和处置的压力巨大。曾有专家估计，上海每半个月产生的垃圾就相当于一座金茂大厦的建筑体量。如何建设与超大城市庞大规模相匹配的城市垃圾处置体系，打造性能优越、韧性高效的城市静脉循环系统，是超大城市破解"城市病"、提升城市治理能力必须回答好的课题。近些年来，上海以更大的气魄和力度深入推进生活垃圾分类，取得了显著成绩，积累了丰富经验，为建设具有世界影响力的社会主义现代化国际大都市增添了浓墨重彩的一笔。总结起来，上海垃圾分类管理模式在城市精细化管理上呈现出如下三大特点。

首先，充分彰显"大城办好小事"的理念思路和运作逻辑。

大城办大事与办小事的逻辑是不一样的。与其他宏大主题相比，生活垃圾分类是城市日常生活中具体而细微的小事，即使在市民个体层面亦属小事，因为它不会占用很大的时间和精力。然而，由于大城市人口基数庞大、构成多元、流动频繁，办好垃圾分类这种需要每位市民都积

《上海市生活垃圾管理条例》施行三周年主题宣传活动
上海市绿化和市容宣传教育中心供图

极参与的小事却非常不容易,其中需要很多客观与主观的前提和基础条件,尤其是对全社会的组织动员能力和水平都提出了非常高的要求。

事实也确实如此,上海自从 1995 年曹杨五村第七居委会的一个居住区启动垃圾分类试点以来,直到 2017 年《方案》出台之前,其间虽付出诸多努力,但是过程较为曲折艰难,整体成效相对有限。

正是这个原因,2019 年前,很多人对作为超大城市的上海能否把垃圾分类这种小事办好是持怀疑态度的。甚至有人拿西方国家中人口规模较大的大城市作类比,认为它们的垃圾分类情况也很一般,不少地方也存在垃圾乱扔的现象。

尽管如此,上海没有选择退缩,而是以勇毅前行的姿态,在之前多年探索的基础上,强化顶层与系统设计,加强硬件和软件等多种资源要素供给与部署。牢牢抓住"在一定条件具备的前提下,办好垃圾分类小事的关键在于全社会组织动员"这个"牛鼻子",融合利用多种方式,充分调动各类社会主体的积极参与,把看似不可能的事情最终变成可能。

可以说，上海垃圾分类取得突破性进展，是大城办好小事的一次重大示范，是人民伟力的集中体现，是对社会主义现代化国际大都市治理能力的一次重要检阅和历练。

其次，深度耦合上海"精细化、时尚化"的城市文化肌理。

必须承认，上海能够在垃圾分类工作上取得令人刮目相看的成绩，是多种因素共同发挥作用的结果。比如，根据同济大学杜欢政教授团队的研究，发达国家和地区人均 GDP 大体上达到 2 万美元（2010 年不变价）左右时，才开始在全社会大规模推动垃圾分类管理，并逐渐显现出分类管理的成效。近年来，上海城市的经济发展正处于并开始跨越这个阶段，为深入推进垃圾分类工作提供了坚实的物质基础保障。

在此之外，笔者还想强调上海城市文化提供的强大助力。由于种种历史与现实的缘由，上海这座城市文化的深层次结构中积淀了强大的精细化、时尚化基因。任凭时光流逝，这种传统一直深深影响着这座城的人和事。笔者多年前初到上海工作时就发现，哪怕不是很富裕的家庭，其在饮食、衣着、家庭居住小环境和文化休闲等方面都很讲究，而且乐于体验新鲜事物、接纳新潮流，对于农村山沟里长大的笔者来说触动较大，这可能就是上海城市文化的特色所在。

这种精细化、时尚化的城市文化底色，为上海打赢垃圾分类攻坚战赋能助力巨大。道理其实也很简单，本来就很讲究、认真的上海人，如果真的在垃圾分类这件事上认真、较真起来，那一定会发生颠覆性、全局性的变化。正如习近平总书记指出的，垃圾分类就是新时尚，一旦把垃圾分类上升到引领新风尚、创造新潮流的高度，上海人可是当仁不让的。

文化理念的力量是强大的。近年来伴随着绿色低碳、循环经济等时尚理念的流行，人们对待垃圾的观念和认识也在发生重大转变。以前人们提到垃圾，是满满的厌恶感和负能量，扔出去后绝不再看第二眼，以至于骂人的最狠程度是说"某人是垃圾"。如今，人们越来越认识到，垃圾的确是放错位置的重要资源，做好垃圾分类是新时代构建绿色低碳、高品质生活方式的应有之义。以这种视角再去看待垃圾分类工作，我们不得不承认，它确实是一种新时尚、新潮流。

最后，科学谋划"从规律出发建机制"的实施路径和流程。

梳理发达国家和地区的垃圾分类管理历程，其大多经历了末端处理、源头治理和循环利用三大发展阶段。在末端处理阶段，政府被动式、自上而下地应对垃圾处理，产生多少垃圾就处理多少垃圾，公民只是垃圾的制造者和污染的受害者，并没有参与垃圾分类管理；在源头治理阶段，变被动的垃圾处理为主动的垃圾管理，从生产和消费的源头预防，调整过去的废弃物末端处理方向，开始重视科学的垃圾分类，强调通过垃圾分类促进垃圾减量化；在循环利用阶段，是更加注重资源循环利用和资源再生的高级阶段，着力于构建"最适量生产、最适量消费、最小量废弃"的发展模式，垃圾分类处理更加注重循环利用和资源再生。

上海在全面深入研究国内外经验的基础上，越来越深刻地认识到垃圾分类管理的一些共性规律：首先，要建立健全生活垃圾分类管理的基础设施体系，包括覆盖全流程的各种硬件基础设施和以法律体系、社会动员体系为主的软件基础设施两大部分；其次，在具备一定条件基础后，以强有力的手段推行垃圾源头分类管理，强力推动全社会垃圾分类意识的养成；最后，不断完善体制机制建设，形成全社会共同参与、齐抓共管的有效格局。在强制垃圾源头分类达到一定程度（社会意识基本形成）后，需要实施更为多元有效的制度安排，进一步综合运用多种手段，充分调动每一个社会主体的积极性和主动性，推动垃圾分类管理不断提质增效。

立足于上述规律性认识，上海积极谋划、构建垃圾分类管理的有效机制：强化垃圾分类的全社会组织动员机制建设，建立健全生活垃圾分类责任分解与落实机制，加强生活垃圾减量化机制设计落地，积极探索生产者责任延伸机制、特许经营机制以及绿色采购与财税支持机制等。通过一系列机制、制度体系建设，确保垃圾分类管理有章可循、有激励有惩罚、有力度有温度。

总之，经过全市上下的不断努力，上海这座超大城市以"致广大而尽精微"的心气，趟出了一条垃圾分类工作的新路子，成绩可赞，未来可期。天下事有难易乎？为之，则难者亦易矣；不为，则易者亦难矣。

数读上海生活垃圾分类成效

上海有 2450 万左右常住人口和 500 多万流动人口，平均每天产生 3 万多吨垃圾，约为 1.012 千克 /（人·日），而国外发达城市垃圾产生量是 1.3—1.4 千克 /（人·日），垃圾分类是垃圾治理的基础。近 5 年来，上海在垃圾分类上取得的积极成效可以通过一系列数据来展示。

从垃圾产生量上看，生活垃圾"三增一减"趋于稳定：湿垃圾分出量基本稳定在干湿垃圾总量的 35% 左右，可回收物回收量基本稳定在日均 7000 吨左右，有害垃圾分出量基本稳定在日均 2 吨左右。从末端资源化处理设施的完善程度来看，截至 2023 年一季度，全市已建成焚烧厂 15 座，焚烧能力 2.8 万吨 / 日；湿垃圾集中处理设施 10 座，资源化利用能力 6680 吨 / 日，另有分散处置能力 1856 吨 / 日，湿垃圾资源化利用能力超过 8500 吨 / 日。全市生活垃圾回收利用率达到 42%。

《上海市生活垃圾管理条例》实施历程

2000—2010年

分类试点时期

试点推动
重点探索分类标准

- 2000年，建设部确定上海市作为8个生活垃圾分类收集试点城市之一

- 2002年，《上海市市容环卫卫生管理条例》施行，生活垃圾分类入法

- 2007—2010年，四（居民区）+三（机关、事业单位）+二（公共场所）

2011—2018年

机制探索时期

因地制宜
重点探索分类管理制度

- 2011年，上海市确定生活垃圾分类的"四分法"

- 2014年，《上海市促进生活垃圾分类减量办法》颁布，四分法进入法制化轨道

- 2017年，印发《上海市单位生活垃圾强制分类实施方案》

- 2018年，印发《关于建立完善本市生活垃圾全程分类体系的实施方案》

2019—2021年

强制分类时期

《条例》颁布
垃圾分类的全民参与阶段

- 2019年7月，实施《上海市生活垃圾管理条例》

- 2019年5月，印发《上海市实施生活垃圾定时定点分类投放制度工作导则》，明确定时定点分类投放制度

- 2021年，印发《关于印发〈进一步完善本市生活垃圾全程分类体系的实施意见〉的通知》

2022年至今

巩固提升时期

按"无废城市""双碳目标""城乡一体"等新要求开展垃圾分类

- 2022年4月，国家已经发布全国"十四五"时期"无废城市"建设名单，上海静安、长宁、宝山、嘉定、松江、青浦、奉贤、崇明和临港新片区在列

- 2022年9月22日，《上海市市容环境卫生管理条例》修订通过，将农村市容环境卫生纳入适用范围

- 2023年2月，印发《上海市"无废城市"建设工作方案》

上海有 2450 万左右常住人口和 500 多万流动人口，平均每天产生 3 万多吨垃圾，约为 1.012 千克/（人·日），而国外发达国家垃圾产生量是 1.3—1.4 千克/（人·日）。

上海市
生活垃圾
清运量变化表

		2019	2020	2021	2022
干垃圾 Residual waste 单位：吨	居民	3317782	2672086	2777919	3013587
	集市	490903	340502	377062	362171
	水域	52044	111655	696531	31739
	清道	486865	378761	326290	392392
	农村	1207380	930050	476720	1310981
	单位	912078	733764	829864	874833

		2019	2020	2021	2022
湿垃圾 Household food waste 单位：吨	餐厨垃圾	1039404	1004096	1171159	837101
	集贸市场垃圾	376115	286447	314705	186741
	居民厨余	1419096	2223512	2345416	891724

垃圾分类是垃圾治理的基础，这一点可以从上海市生活垃圾清运量中体现出来。自从实施垃圾分类以来，干垃圾总量呈下降趋势，垃圾总量呈下降趋势，湿垃圾分出量基本稳定在干湿垃圾总量的35%左右。

截至2022年底，全市已建成焚烧厂15座，焚烧能力2.8万吨/日；湿垃圾集中处理设施10座，资源化利用能力6680吨/日；另有三座湿垃圾资源化处理设施在建设中，五座湿垃圾资源化处理设施在规划中，未来的资源化利用能力将增加4700吨/日。

上海市 生活垃圾 末端处置设施

截至2022年

	0	2000	4000	6000（吨/日）

干垃圾焚烧
Incineration

建成投运
Into operation

老港再生能源利用中心一期	3000
老港再生能源利用中心二期	6000
江桥再生能源利用中心	1500
上海天马再生能源利用中心一期	2000
浦东黎明再生能源利用中心	2000
嘉定再生能源利用中心	1500
奉贤再生能源利用中心一期	1000
金山再生能源利用中心一期	800
崇明再生能源利用中心一期	500
上海天马再生能源利用中心二期	1500
崇明再生能源利用中心二期	500
金山再生能源利用中心二期	700
奉贤再生能源利用中心二期	1000
浦东海滨再生能源利用中心	3000
宝山再生能源利用中心	3000

湿垃圾资源化
Resource utilization

建成投运
Into operation

闵行湿垃圾处理项目一、二期	600
浦东生物能源再利用一、二期	1000
松江生物能源再利用项目	500
金山生物能源再利用项目	250
老港生物能源再利用项目一期	1000
嘉定生物能源再利用项目	500
青浦国清湿垃圾处理厂	300
嘉定环兴综合处理厂	230
上海生物能源再利用项目二期	1500
宝山生物能源再利用项目	800

在建
Under construction

上海生物能源再利用项目三期	2000
闵行湿垃圾厂	300
松江湿垃圾厂	500

前期规划
Plan

崇明湿垃圾厂	300
奉贤湿垃圾厂	500
嘉定湿垃圾厂	500
青浦湿垃圾厂	600

上海市生活废弃物处理变化

焚烧处理
Incineration

填埋处理
Landfilling

湿垃圾资源化
Resource utilization of wet waste

回收利用
Recycling

上海市生活垃圾分类收集车辆配置变化

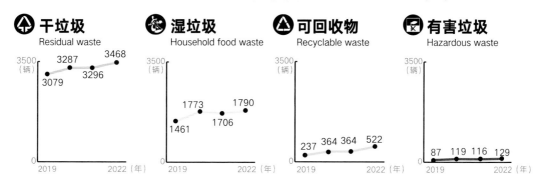

干垃圾
Residual waste

湿垃圾
Household food waste

可回收物
Recyclable waste

有害垃圾
Hazardous waste

上海生活垃圾分类达标率与居民满意度

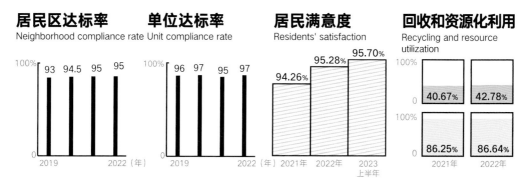

居民区达标率
Neighborhood compliance rate

单位达标率
Unit compliance rate

居民满意度
Residents' satisfaction

回收和资源化利用
Recycling and resource utilization

第二章

经验总结

Experiences

作为人口规模庞大的超大城市，上海生活垃圾管理和处置的压力巨大。

拥有百年垃圾分类历史的上海，一直是全国生活垃圾分类的"排头兵"。上海垃圾分类管理模式是如何进行顶层设计的？生活垃圾全流程分类体系是如何构建的？生活垃圾全流程分类体系包含什么内容？在推动垃圾分类的进程中，上海是如何动员社会各界积极参与的？

本章将通过学者撰稿及专家专访的形式，从立法推动、顶层设计、社会动员、体系建设和源头减量五个方面，展现上海垃圾分类实践的独特之处。

在立法推动层面，有专家认为，将生活垃圾分类推进模式逐步由试点阶段的激励性为主向强制性为主转变，是提升生活垃圾分类实效的突破口，也是国务院要求建立强制分类制度的重点方向。《条例》着重加强了"硬约束"制度，体现了环环相扣、相互监督。

在顶层设计层面，有学者认为，上海城市文化中的精细化、时尚化基因为垃圾分类提供了强大助力。正如习近平总书记指出的，垃圾分类就是新时尚，一旦把垃圾分类上升到引领新风尚、创造新潮流的高度，上海人可是当仁不让的。

在社会动员层面，有学者认为，垃圾分类成为带动老旧小区改造和全市社区功能建设的重要载体渠道，对于打造新风尚下的社区共同体、邻里共同体也有着至关重要的先导作用和测试功能。

在体系建设层面，有学者认为，生活垃圾末端处置设施的建设，很大程度上解决了源头分类投放与中端分类运输后的垃圾出路问题。对不同类型的生活垃圾进行分门别类的资源化及无害化处置，也是提高资源利用效率的有效方式。

在源头减量层面，有学者认为，广义的生活垃圾源头减量，是指通过管理和技术措施削减生活垃圾的产生量。源头减量是上海市生活垃圾分类收集实践的深化与发展，需要政府、企业和居民共同发力。

基于以上经验，经过全市上下的不断努力，上海这座超大城市以"致广大而尽精微"的心气，趟出了一条垃圾分类工作的新路子。

As a super-large city, Shanghai faces tremendous pressure in managing and disposing of household waste.

With a history of garbage sorting spanning over a century, Shanghai has always been a national leader in the classification of household waste. How was the top-level design of Shanghai's garbage sorting management model implemented? How was the full-process classification system for household waste built from the ground up? What does it involve? And how did Shanghai mobilize all sectors of society to actively participate in the garbage sorting campaign?

This chapter features scholarly articles and expert interviews that showcase the unique practices of Shanghai's garbage classification from five perspectives: legislative promotion, top-level design, system construction, waste reduction, and social mobilization.

In the first section, experts talk about how Shanghai gradually shifted the focus of its pilot stage from an incentive-based approach to a compulsory one, which provided the necessary breakthrough and was in line with the State Council's decision to establish a mandatory sorting system. The city's regulations focused on strengthening the "hard constraints" of the system, reflecting the goal of creating a "closed loop of mutual supervision."

In the section on top-level design, scholars argue that Shanghai's "fine and fashionable urban genes" were key to the program's success. As General Secretary Xi Jinping pointed out, garbage classification is a new trend, and once garbage classification became trendy, Shanghai residents would naturally refuse to cede the field to others.

As for system construction, some scholars believe that the construction of terminal disposal facilities for household waste has greatly solved the problem of handling household waste, though their efficiency can be further improved by adopting different resource utilization and safe treatment methods for different types of household waste.

In terms of waste reduction at the source, it is defined as reducing the generation of household waste through management and technical measures. Waste reduction is an outgrowth of Shanghai's garbage sorting program, and requires joint efforts from the government, enterprises, and residents to succeed.

And finally, in terms of social mobilization, some scholars believe that garbage sorting has become an important channel for promoting the renovation of old residential areas and the construction of new community functions citywide. It is therefore crucial to build neighborhood communities with important leading roles and testing functions.

Based on these experiences and efforts, Shanghai, as a super-large city, has opened up a new path for garbage classification work, one defined by both its breadth of vision and the precision of its details.

立法推动：
《上海市生活垃圾管理条例》

Passing the *Regulations of Shanghai Municipality on Household Waste Management*

"硬约束"时代，《条例》有哪些亮点和特点

黄蓓佳 / 上海理工大学环境学院教授

上海市人民代表大会于 2019 年 1 月审议通过了《条例》，上海的垃圾分类由此进入"硬约束"时代。

此次生活垃圾管理立法遵循的基本思路是：贯彻习近平生态文明思想，将生活垃圾综合治理作为破解超大城市精细化管理世界级难题的重要环节；遵循"全生命周期管理、全过程综合治理、全社会普遍参与"理念；聚焦补齐"短板"、注重可操作性，着力强化全程分类体系建设；加快推进生活垃圾"减量化、资源化、无害化"，形成生活垃圾管理的基本制度规范。

本文从上海市生活垃圾分类政策演变、源头减量、规范收运、资源回收、管理体系五个方面剖析《条例》的亮点与特点。

打包好的塑料可回收物
上海市崇明区庙镇生态保护和市容环境事务所供图

政策演变：如何从先导性试点城市到出台最严格的《条例》？

2000 年，建设部发布了 8 个先导性城市的"生活垃圾分类收集试点"，上海为其中之一。2014 年，《办法》出台，推动了垃圾分类减量化工作的实施。2016 年，习近平总书记在中央财经领导小组第十四次会议上指出，普遍推行垃圾分类制度，关系 13 亿多人生活环境改善，关系垃圾能不能减量化、资源化、无害化处理。

2017 年 3 月，国家发展和改革委员会与住房和城乡建设部联合发布了《方案》，该方案的实施标志着上海市垃圾分类管理由自愿转向强制执行，实现了质量和数量的双重突破。

2019 年 7 月，《条例》正式颁布实施，该《条例》被称为"历史上最严格的生活垃圾管理条例"。这标志着上海市生活垃圾分类管理强制实施力度的加强，对于垃圾的源头减量和资源化利用具有重要意义。

源头减量：如何鼓励绿色生活、绿色办公，以及限制一次性用品过度使用？

《条例》按照"鼓励性和强制性、操作性和引领性"相结合的思路，促进生活垃圾的源头减量，在生产、流通、消费、办公等领域规定了具体措施。

一方面，《条例》鼓励单位和个人积极参与绿色生活行动，减少生活垃圾的产生，比如倡导快递企业和寄件人、电子商务企业和消费者使用环保包装，减少快递包装废弃物；在党政机关和企事业单位推行绿色办公，使用有利于保护环境的设备和设施。

另一方面，《条例》限制一次性用品的过度使用，规定党政机关和事业单位的内部办公场所不得使用一次性杯具，相关部门对此将开展检查考核；餐饮企业和外卖服务企业不得主动向消费者提供一次性的筷子、调羹等餐具；旅馆不得主动向消费者提供客房一次性日用品，违反者将受到处罚。

此外，《条例》第二十二条中还鼓励单位和个人使用可循环利用的产品，通过线上、线下交易等方式，促进闲置物品再利用。

规范收运：如何拒绝混装混运，保证垃圾运输可追溯？

　　针对市民关注的垃圾分类投放后又被混装混运等问题，《条例》对分类收集、运输和处置作了较为全面的规范。《条例》中明确规定：生活垃圾的收运、转运过程，需要采用清晰标识标注车辆、船舶运输的生活垃圾的类别。生活垃圾不同类别之间不可以进行混合收集、运输，也不可以同危险废物（简称危废）、工业固废、建筑垃圾一起混合收集、运输。

　　为保证生活垃圾运输可追溯，大部分上海市垃圾运输车辆、船舶可通过搭载在线监测系统进行全程密闭运输监测。《条例》还设置了"不分类、不收运、不处置"的监督机制，收运、处置单位对不符合分类标准的生活垃圾可以拒绝接收。

资源回收：如何做到党员示范、奖惩结合，完善回收体系？

　　当前，上海市采取了分类收集和上门收集相结合的方式来回收垃圾。《条例》要求单位和个人在投放垃圾时，需要按照可回收物、有害垃圾、湿垃圾、干垃圾的标准进行初步分类，然后将垃圾投入周边的垃圾回收处。《条例》规定市、区绿化市容部门负责完善本市可回收物的回收体系，推进回收服务点、中转站和集散场建设，采用"互联网＋回收"等方式增强回收的便捷性。相关部门应当支持湿垃圾资源化产品用于公共绿地、公益林。

　　为了鼓励正确分类垃圾的行为，上海市一些小区通过"绿色账户"奖励个人。个人可以通过"绿色账户"积分值兑换公共服务资源，如各大公园门票、商品及服务优惠券、生活小礼品等。在部分单位和社区内设有"绿色黑板"，记录垃圾分类不当的部门和个人，并采取党员带头示范的模式带动单位和社区进行分类回收和绿色回收。

管理体系：如何明确并细化主体职责，出台配套政策措施？

　　上海市的生活垃圾管理工作遵循政府推动、全民参与、市场运作、城乡统筹、系统推进和循序渐进的原则。《条例》明确了参与垃圾分类管理工作的主体包括各级人民政府及相关部门、街道办事处和居委会等。

具体来说，各行政主体在垃圾分类管理工作中都发挥着不同的作用。

市发展和改革部门负责协调生产者责任延伸制度的落实，以推动企业更加注重产品回收的社会责任，利用闭环回收体系减少垃圾的产生。同时，他们也负责进一步完善生活垃圾处理收费机制，鼓励居民采取积极行动进行垃圾分类和回收利用。

市房屋管理部门负责督促物业服务企业履行生活垃圾分类投放管理责任人义务，包括为居民提供分类垃圾桶和回收箱，并定期进行清理和更新。

市生态环境部门致力于生活垃圾处理污染防治工作的指导和监督，以提高城市的空气、水体和土地质量。

市城管执法部门对违反生活垃圾分类管理规定的行为进行指导和监督，以确保政策的落实和执行。

各区人民政府负责所辖区域内的生活垃圾管理工作，以确保居民的健康和环境的卫生。根据"谁产生谁付费"的原则，社区居民需要为自己产生的垃圾支付相应的处理费用。

街道居委会通过定期组织各种活动和讲座，向居民普及垃圾分类的知识和技能，吸引更多的人参与到垃圾分类和回收利用的行动中来。

最后，政府需要定期评估垃圾回收企业的资质，做到严格监管。在政府、企业、社区、居民等多方主体的共同参与下，具体落实垃圾处理工作。

自《条例》出台以来，上海市也相继出台了《生活垃圾收运作业单位管理规范》《生活垃圾收运作业人员操作规程》等诸多配套该《条例》的政策措施，逐步细化垃圾分类的全生命周期管理工作，配合积分激励、市场体系优化、大数据全流程定位监测等手段推动生活垃圾综合治理。

上海市政府各个有关部门、垃圾回收各个环节参与企业、社区居委会、居民多方主体共同参与到垃圾分类的工作中，政府细化《条例》中市政府有关职能部门应履行的岗位职责，依据《条例》规范企业垃圾回收的全过程管理。

从可持续发展的角度来看，《条例》是上海市针对垃圾分类不当，从而造成资源浪费问题给出的"上海方案"。2019年《条例》的发布并正式实施，对于上海市和全国大部分城市都有着重要的意义。垃圾分类加速了上海市垃圾源头减量化、无害化、资源化的进程，国内其他城市垃圾分类的工作进程也随之加快。

通过全面强制的垃圾分类制度、完善的垃圾分类设施建设、积极的垃圾分类宣传和教育、有效的监督管理机制以及明确的法律责任等具体举措，从垃圾预分类促进源头减量、大数据赋能全流程运输监测、市政部门管理体系优化三方面，推动上海市垃圾分类政策的实施，促进上海市建成更加清洁、美丽、可持续发展的城市环境。

《条例》出台如何体现全过程人民民主

肖贵玉 / 上海市十五届人大常委会副主任，现任市政协副主席、党组副书记

2019 年，《条例》得到上海市人民代表大会的高票通过。将生活垃圾分类推进模式逐步由试点阶段的激励性为主向强制性为主转变，是提升生活垃圾分类实效的突破口，也是国务院要求建立强制分类制度的重点方向。那么，这次立法过程花了多长时间？人大如何监督立法？立法过程中有哪些公众参与？它又如何体现全过程人民民主？针对这些问题，上海市政协副主席、党组副书记，时任上海市人大常委会副主任肖贵玉作出了解答。

《条例》的立法过程花了几年时间？

2017 年，市人大常委会将生活垃圾管理立法列为重点调研项目，成立了由常委会分管领导和分管副市长为双组长的立法调研小组，聚焦生活垃圾治理的实践和地方立法面临的难点问题，坚持政府起草和人大调研同步推进，推动市政府有关部门加强顶层设计和难点突破，最终形成了立法的框架思路。

2019 年 1 月 28 日，代表们正在仔细阅读生活垃圾分类的宣传资料

袁婧　摄

　　2018 年，市人大常委会将制定《条例》列为正式立法项目，从当年
3 月起，由常委会主要领导、分管领导带领城建环保委、法制委、法工
委，围绕"三化"目标和全程分类体系建设的全链条及关键环节，先后
深入全市各区的部分住宅小区、数十家垃圾分类企业，对源头分类、资
源回收、分类运输、分类处置等关键环节开展实地调研。

　　同时，立法者聚焦实践中的堵点难点和立法关键问题，开展了近十
次专题研究、讨论，多次深入听取各区人大、政府的意见建议，并专程
赴全国多个城市考察学习生活垃圾分类工作和立法经验。

　　2018 年，《条例》经市人大常委会三次审议后，提交市人民代表大会
两次分组审议，于 2019 年 1 月 31 日市十五届人大二次会议上获得高票
表决通过，支持率达 98.08%。作为我国第一部由地方人民代表大会审议
通过的规范生活垃圾管理的地方性法规，《条例》在全国引起了较大反响，
得到了社会各界高度认同。

　　整个立法期间，共有代表 488 人次提出 646 条意见和建议，涉及具

体条文的修改意见 180 条，涉及草案内容 61 处。其他意见中，有关加大宣传力度的意见 147 条，强化激励措施的意见 89 条，扩大社会参与的意见 86 条，加大推进和落实力度的意见 106 条，加快完善配套制度的意见 38 条。市人大相关委员会会同市政府有关部门的负责同志，以及部分市人大代表逐条认真研究分析代表提出的意见，对《条例（草案）》作了审议和修改，共计修改 33 处。

《条例》实施后，人大如何进行监督？

2019 年 2 月 20 日，上海市委、市人大、市政府、市政协联合召开全市生活垃圾分类工作动员大会，参会对象覆盖全市各区、各街镇、各居（村）委会，多达一万余人。会上，时任上海市委书记李强同志明确要求认真学习贯彻习近平总书记重要指示精神，以《条例》制定出台为契机，坚决打赢垃圾分类攻坚战和持久战。各区都召开全区动员大会对垃圾分类工作进行动员部署，制定工作方案，明确任务清单，逐级落实责任。

2019 年《条例》实施以来，市人大每年都针对垃圾分类的不同重点开展执法检查或监督，这在法规实施中是前所未有过的。

如 2019 年，上海市人大常委会把推进生活垃圾全程分类管理作为重点监督项目，全力推动社会各界做好生活垃圾分类管理工作。在监督工作安排上以《条例》正式实施的 7 月 1 日为节点分成两个阶段。4—6 月，重点监督《条例》实施前的各项准备工作；7—10 月，重点监督各类主体法定责任及分类管理要求的落实情况。

市人大城建环保委和 16 个区人大常委会密切联动，发动市、区、乡镇三级人大代表广泛参与，共有 1.3 万余人次人大代表参与监督，实现近年来市人大监督工作的最大覆盖面。为在广覆盖的基础上确保深度，市人大城建环保委对各区都进行了 2—3 轮的暗访抽查，共抽查了 150 次、460 余个点位，随机深入细致地检查居民小区、企事业单位、公共机构、商务楼宇、商场酒店、交通枢纽、文化场所、集贸市场、沿街商铺、高校医院等各类主体落实《条例》规定的情况，并根据监督情况梳理了 6 大类 31 个问题，形成问题清单送市政府相关部门整改。

立法和监督同步发力、共同推动破解垃圾分类难题的经验做法，被上海市委全面依法治市委员会办公室评选为 2019 年度上海市法治建设十大优秀案例之首，充分体现了人大监督的成效。

立法过程中，有哪些公众参与？

为更好体现直接民主，在更广范围内听取市民群众的意见。2017 年，市人大城建环保委会同常委会代表工委组织 800 多名市人大代表带着垃圾分类主题下社区，面向市人大代表和社区居民开展了多达 1.5 万份的"双样本"问卷调查。

在此基础上，2018 年又进一步扩大听取意见建议的范围，组织 2000 多名市、区、乡镇三级人大代表再次开展垃圾分类主题下社区活动，围绕与公众直接相关的一些具体制度措施，向三级人大代表和 1.4 万余位居民开展问卷调查，在集中民意民智的同时大力开展社会宣传动员。

问卷调查显示，公众对实施生活垃圾分类工作高度认可，超过 85% 的受访者认为"每个居民都是垃圾的产生主体，开展垃圾分类是居民应尽的义务"，将近 83% 的受访者认为应当强制推行生活垃圾分类。

立法过程也是凝聚社会共识的过程。在《条例（草案）》审议过程中，通过各类媒体向社会发布立法进展情况，在全过程人民民主的首提地——虹桥街道古北市民中心举行了生活垃圾管理立法听证会，就生活垃圾分类标准、收集容器设置、大件垃圾管理三项内容，在居民"家门口"直接听取意见。

通过提前宣传、充分预热，《条例》的颁布实施获得了广大市民群众的拥护和支持，市民群众参与垃圾分类热情高涨，主动学习垃圾分类知识，积极开展志愿服务，把分类习惯提升为城市文明素质的重要标志。持续加强媒体宣传引导，组织开展生活垃圾分类主题宣传活动，形成全社会共同参与垃圾分类的良好氛围。

《条例》提出了一系列鼓励社会参与的积极措施：构建广泛的社会动员体系，建立健全以居民区党组织、村党组织为领导核心，各方共同参与的基层治理机制，鼓励社会参与、行业参与、市场参与，将生活垃圾分类管理情况纳入文明创建活动等。在实践工作中，上海充分发挥居民区党组织的核心作用，充分调动基层党组织、居委会、业委会、物业公司的积极性，形成"四位一体"的联动机制，引入社会第三方组织，通过定时定点垃圾投放，规范居民垃圾分类行为，提升源头分类实效。

《条例》遵循的立法思路是什么？

立法思路主要有五个方面。

一是注重立法引领推动。《条例》一方面在管理理念等方面与国际水平对接，另一方面则根据上海实际，对一些看得准、有共识的管理要求予以固化，对一些还在探索的内容着重规定其工作目标和方向，以便为后续实践创新预留空间。

二是注重全过程综合治理。《条例》按照到 2020 年底上海市生活垃圾"减量化、资源化、无害化"达到国内领先水平的目标，在建立健全全程分类体系的同时，分设促进源头减量、资源化利用专章，将管理范畴向两端有效延伸。

三是注重建立全社会责任体系。《条例》重点对全过程管理各环节主体的责任作了明确规定，力求建立横向到边、纵向到底，垃圾产生者、政府部门、管理责任人、收运处置单位、社会组织等各司其职、各尽其责的全社会责任体系。

四是注重激励与约束并举。生活垃圾分类行为习惯的养成，不可能一蹴而就。《条例》既注重发挥宣传教育的功能，坚持完善正向激励机制，又对违反管理要求的行为设定必要的处罚机制，引导单位和个人自觉履行生活垃圾管理义务。

五是注重体现上海特色。近年来上海在创新社会治理、加强基层建设、提高城市精细化管理水平上取得了一批经验做法，在建设智慧政府上探索了新的举措，在科技成果策源、科技成果应用上也有不少积累。《条例》对在生活垃圾管理中如何发挥上海基层社会治理、政府管理以及科技创新等优势提出相应要求。

立法过程中，有哪些热议焦点？

源头减量是生活垃圾综合治理的重要内容，也是当前推进垃圾全过程管理的薄弱环节和难点问题，在人大常委会三次审议以及人民代表大会两次分组审议过程中，这部分内容都是热议的焦点之一。应该说，循环经济促进法、清洁生产促进法、电子商务法等法律对促进源头减量都有相应要求，但大多为倡导性规定。《条例》按照"源头减量优先、从消费领域突破"的思路，针对特定领域的垃圾源头减量提出了强制性要求，这是本次立法的亮点。实操主要从三个方面入手。

一是积极推进产品包装物、快递包装物减量工作。明确只要在上海经营的快递企业和电子商务企业都应当推进产品包装物和快递包装物减量工作。

二是规定标准化菜场、农贸市场应当按照要求配置湿垃圾就地处理设施。明确新建的菜（市）场要同步配置，已建成且达到一定规模的菜（市）场也要配置，鼓励其他单位配置。

三是推动绿色办公、绿色消费，将减少一次性用品使用作为着力点，规定了"三个不得"：党政机关、事业单位内部办公场所不得使用一次性杯具；旅馆不得主动提供客房一次性日用品"六小件"（牙刷、梳子、浴擦、剃须刀、指甲锉、鞋擦）等；餐饮服务提供者和餐饮配送服务提供者不得主动提供一次性筷子、调羹等餐具。

立法对公众行为有哪些约束作用？

《条例》着重加强了"硬约束"制度，体现环环相扣、相互监督。对于违反源头减量、分类投放、分类收集、分类驳运、分类运输（转运）、分类处置规定的行为，按照违法行为的事实、性质、情节以及社会危害程度等因素，对处罚的种类和幅度作出了系统性规定。其中，分类投放行为规定是《条例》的重点内容，单位和个人必须履行分类投放义务，未履行义务应当承担相应的法律责任。对于生活垃圾收运单位和处置单位违法行为情节严重的，吊销其经营服务许可证。

顶层设计：
强化领导与压实责任
High-Level Design:
Leadership and Accountability

顶层设计如何抓紧抓实办好垃圾分类

邓建平／上海市绿化和市容管理局党组书记、局长

垃圾分类是习近平总书记高度重视、亲自部署、亲自推动的"关键小事"。习近平总书记在 2018 年视察上海时强调，实行垃圾分类，关系广大人民群众生活环境，关系节约使用资源，也是社会文明水平的一个重要体现。

为了抓紧抓实办好垃圾分类这件"关键小事"，上海市委、市政府高度重视生活垃圾分类工作。近五年来，上海生活垃圾分类工作取得显著成效，其根本在于习近平总书记的高瞻远瞩、关心厚爱和关怀指导。"上海模式"的关键在于市委、市政府的坚强领导和顶层设计，而它能够落实的重点，则在于社会各方力量的全力以赴和有力协同。

垃圾分类是习近平总书记亲自推动的"关键小事"，顶层设计尤为重要。在具体推动垃圾分类时，上海市委、市政府是如何进行系统谋划的？

按照习近平总书记提出的垃圾分类工作就是新时尚，希望上海抓紧抓实办好的重要指示，上海市委、市人大、市政府、市政协主要领导高度重视生活垃圾分类工作，亲自研究部署推进，深入社区、生活垃圾处置和转运平台等开展专题调研，并对全市垃圾分类工作作出明确指示和部署，指出要"以钉钉子精神持续用力抓好市民群众的习惯养成、基层治理能力的全面加强、垃圾分类和资源化利用全过程处置水平的整体提升"。建立健全"两级政府、三级管理、四级落实"的生活垃圾分类责任体系，持续推动上海的垃圾分类工作始终走在全国城市前列。

在部门统筹协调上，建立了由市长作为第一召集人、分管副市长作为召集人和 19 个市级相关部门组成的市级联席会议，统筹推进全市生活垃圾分类减量工作，落实分工责任，强化协调配合，加强考核评价。联席会议机制有效解决了垃圾分类中部门协同和碎片化管理的困境。

在属地主体责任落实上，通过建立主要领导亲自抓、四套班子合力抓、党政领导共同抓，并以各级党委副书记和政府分管领导"双牵头"的方式，形成市、区、街镇、居（村）四级组织系统，同时把垃圾分类纳入市委市政府重点工作和地区领导班子考核体系，加强总体部署，落实属地推进。不断优化和深入实施生活垃圾分类实效综合考评制度，对全市16个区和200余个街道（乡、镇、工业区）垃圾分类总体推进实效情况进行测评和排名，排名结果每半年度通过主流媒体向社会公布，进一步促进生活垃圾分类属地责任落实落细。

您提到了"两级政府、三级管理、四级落实"的生活垃圾分类责任体系，在领导层面压实了责任，在每个社区具体落实的过程中，还有哪些关键的指导措施？

在组织落实上，上海抓住党建引领这个核心，充分发挥基层党组织领导核心作用，建立居（村）委会、业委会、物业公司、业主"四位一体"的基层工作推进机制。通过党建引领，加强基层治理，发挥党员干部带头作用和志愿者在基层治理中的独特作用，持续推动居（村）委会、业委会、物业公司发挥各自优势，同抓共管、同频共振，把社区党员、居民群众、驻区单位、社会组织等各方力量拧成一股绳，引导更多市民自觉践行，让垃圾分类从"新时尚"变成日用而不觉的"好习惯"。

在投放模式上，主推居住区垃圾定时定点分类投放制度。制定了《上海市实施生活垃圾定时定点分类投放制度工作导则》，对定时定点投放的点位设置、制度实施给出了具体指导意见，以免发生部分居住区在实施中出现"一刀切"。在垃圾分类推进环节，充分发挥全过程人民民主，及时跟踪民情、吸纳民意。随着垃圾分类工作的深入开展，针对部分居住区不同的垃圾投放需求，实施"一小区一方案"，因地制宜启动误时（延时）投放模式，进一步提升分类投放的便利性，切实提升居民垃圾分类参与率和居民区垃圾分类实效。

在宣传引导上，加大宣传力度，组织开展各类主题宣传活动，持续开展垃圾分类知识进公园、进社区、进住宅、进学校、进医院、进机关、进企业的"七进"活动，不断掀起垃圾分类宣传热潮，营造浓厚的社会氛围，凝聚起各方协同参与的强大合力。

　　垃圾分类除了立法的"硬约束"以及绿化和市容管理局的主要推动，还需要上海市各个相关部门的共同推动，那么如何在制度配套层面，保障垃圾分类的落实？

　　2019 年 1 月 31 日，《条例》高票表决通过，为垃圾分类全程体系建设提供了坚强有力的法治保障。上海市相关部门依据《条例》制定了 54件配套文件，其中，市绿化和市容管理局牵头制定实施 31 件《条例》配套文件。具体包括以下内容：

　　在全程分类体系建设方面，制定生活垃圾全程分类体系实施意见、总量控制办法、专项补贴政策、年度工作方案，共 4 件；规划与建设方面，制定上海市环境卫生设施专项规划、可回收物体系规划实施方案，共 2 件；促进源头减量方面，制定进一步落实生活垃圾源头减量推行光盘行动实施方案、湿垃圾就地处理设施配套标准，共 2 件；分类投放管

徐汇区虹梅路街道，志愿者在指导居民使用"绿色账户"
上海市绿化和市容宣传教育中心供图

理方面，制定生活垃圾分类投放指引、定时定点投放制度工作导则、做好物业管理区域生活垃圾分类投放、道路及公共广场废物箱配置导则等，共9件；垃圾分类投放、收集、运输、处置、资源化利用等方面，制定生活垃圾清运工作指导意见、转运及处置设施运营监管办法、不分类不收运操作规程、完善可回收物体系促进资源利用及促进废织物回收服务规范管理等，共11件；社会参与及监督管理方面，制定生活垃圾分类考评办法、社会监督员管理办法、完善"绿色账户"激励机制，共3件。除上述31件配套文件外，其他相关部门出台配套文件23件。

让垃圾分类成为上海市民的生活习惯，关键是建立一个完善的垃圾分类体系，并且让市民信任这个体系，那么如何进行监督并让市民参与其中呢？

完善的垃圾分类体系主要是聚焦生活垃圾分类投放、收集、运输、处置体系建设，强化全生命周期管理。

在源头分类投放及收集环节，严格实施定时定点投放，加派志愿者辅助值守，督促居民正确开展垃圾分类，鼓励居民参与对分类管理责任人分类驳运、存储的监督，形成市民与分类投放管理责任人双向监督的机制。

在分类运输及中转环节，通过公示收运时间、规范车型标识等举措，强化环卫收运作业的监督管理，杜绝混装混运。对单位分类投放管理责任人，建立"首次告知整改，再次整改后收运，对多次违规拒不整改的，拒绝收运并移交执法部门处罚"的倒逼机制。对拒不配合进行源头分类驳运的物业公司依法予以处罚。强化中转站对环卫收运作业企业转运进场垃圾的品质控制，对分类品质不达标的予以拒收，对混装混运严重的责令退出市场。

在分类处置环节，运用信息化技术，推进末端处置企业进场垃圾的品质自动监控、来源全程追溯。研究差别化单位生活垃圾收费处理制度，对干垃圾量、符合质量要求的湿垃圾量和可回收物量分别核定，探索建立面向区与街镇及与垃圾分类质量相挂钩、奖惩得当的垃圾处理费制度。

顶层设计如何转变思维、引导行为、积极作为

唐家富 / 时任上海市绿化和市容管理局副局长,上海市生态环境局党组书记、副局长

大力推行垃圾分类,是上海贯彻落实习近平生态文明思想和习近平总书记考察上海重要讲话精神的重要举措,也是践行人民城市理念,实现"双碳"目标,加快建设具有世界影响力的社会主义现代化国际大都市的重要任务。

在全市上下的共同努力下,上海生活垃圾分类工作成效显著,逐渐成为全民参与的低碳生活新时尚,并且还在持续引领新时尚。那么,上海是如何实现这一"最复杂的简单事"的?

生活垃圾分类最大的挑战,就是要做到让全体市民改变行为习惯,从原来的每天一袋扔,到家里先分好类再按各自小区约定的时间和地点扔,上海是如何转变全体市民的习惯,促进市民自觉履行垃圾分类义务的?

垃圾分类这项工作不能仅仅把它看成改变人们行为习惯的一项技术性工作,它实际是一项社会性系统工程,关系到人的文明,关系到社会文明。这样来想,做垃圾分类工作,实际上就是在推进生态文明发展,那么很多事情也就豁然开朗了。

首先是认识。低碳思维是市民对低碳生活的态度、倡导和认同,是选择低碳生活的内在精神动力,也是实施低碳行为的价值取向。习近平总书记强调,实行垃圾分类,关系广大人民群众生活环境,关系节约使用资源,也是社会文明水平的一个重要体现。持续引导全民自觉履行垃圾分类义务,就是培育低碳思维的现实载体。

其次是辨识。要引导市民了解低碳相关的政策,不断掌握低碳知识技能,并能对"某项行为是否低碳"作出辨别和选择,从而践行低碳行为。上海鼓励倡导市民主动使用"固废碳管家""捡拾碳足迹"等面向个

人的碳测算工具，通过评估履行垃圾分类义务对环境造成的影响，进而针对性地优化调整生活习惯和个人行为。

最后是共识。通过个人的低碳实践，不断对周围人、环境及社会产生影响，在潜移默化中带动群体性低碳行为，进而促进全社会形成低碳生活的良性循环。一方面，引导市民从身边小事做起，带动身边人履行垃圾分类义务、拒绝过度包装等，在衣食住行各方面节能降碳。另一方面，促进形成简约适度、绿色低碳、文明健康的生活方式和消费模式，营造人人都要为低碳目标作贡献的良好社会氛围。

上海市金山区吕巷镇的垃圾分类入户宣传
上海市金山区吕巷镇城建中心供图

垃圾分类的目的在于促进生活垃圾的减量化、资源化和无害化，从减量化角度说，生活垃圾分类全过程都值得探索，上海是怎样推进减量化的？

确实，在生活垃圾分类的全过程，上海始终注重减量化行为的引导和减量化目标的实现。

在源头环节，突出服务品质，稳步提升源头减量的可参与性。一是提升可回收物体系便捷度，优化可回收物回收服务品质，打造一批市民身边的、辨识度更高的可回收物服务点、中转站；二是鼓励有条件的商务楼宇等公共场所细化可回收物收集容器设置，拓展可回收物精细化分类试点效果，创建一批地标窗口区域、精细化分类示范区域；三是提升市民对可回收物回收服务的感受度和获得感，以市民满意度作为评价可回收物回收体系优劣的准绳。

在中转环节，突出智慧赋能，持续提高过程减量的可控性。一是鼓励安装智能感知设备、开发智能应用场景，提高垃圾转运设施品质监控能力，逐步实现全程分类体系平台智慧化监管；二是提升主体回收企业集聚度和服务能级，鼓励新业态、新模式发展，实现可回收物产业链、价值链、创新链的有效协同。

在末端环节，突出整合协同，不断增强末端减量的可能性。一是深化低价值可回收物差异化补贴政策，平衡经济成本和减碳效应，合理确定减碳效果较好的品类，强化"应收尽收"，形成回收市场的良性循环；二是探索形成资源循环利用项目引入模式，发挥上海老港生态环保基地整合优势，推动各类资源化利用项目试点。

上海生活垃圾分类工作从 2019 年《条例》施行到现在，"双碳"目标是否影响上海垃圾分类的资源化利用制度设计或任务规划？

生活垃圾分类的目标，从物质角度看是促进资源循环利用，从社会角度看是促进人类的文明发展，"双碳"目标是从更高的角度促进资源循环利用和人类生态文明发展。因此，在上海生活垃圾分类"十四五"发展规划制定时期，上海就注重从"双碳"目标角度思考生活垃圾分类的资源化利用方向和举措。

首先是借力而动，以科技创新为引领。一是发挥上海科研高地优势，推广湿垃圾高效有机质提取、利用和沼渣高值化技术应用等关键技术，加大实证探索力度，不断提升全市湿垃圾资源化利用效率；二是结合"双碳"目标，不断深入研发基于碳中和理念的资源化和再制造关键技术，开展多源废物协同处理等技术研究。

其次是聚力而出，以重点制度为支撑。以贯彻落实《上海市浦东新区固体废物资源化再利用若干规定》为契机，逐步探索率先打造从垃圾分类到资源化再利用的闭环管理体系，推动形成可复制、可推广的"浦东经验"。

最后是蓄力而谋，以潜力储备为牵引。一方面，持续强化资源化利用产品推广应用，通过对湿垃圾资源化利用产品的安全性、稳定性和累积效应进行监督评价，拓展湿垃圾资源化产品在滩涂土壤改良、林业和绿地等领域的推广应用；另一方面，坚持加强生活垃圾分类碳减排贡献和应用路径研究，探索垃圾收运处全过程碳计量方法，以及生活垃圾分类在"双碳"目标背景下的意义，也为推进垃圾分类寻求更广泛的支撑。

社会动员：
政府主导下的多方参与
Social Mobilization:
Government Leadership and Popular
Participation

从"麻烦"到"事业",如何打造社区共同体

李佳薇 / 上海海洋大学马克思主义学院讲师

侯利文 / 华东理工大学社会与公共管理学院副教授

自上海市 1999 年开始系统性探索垃圾分类工作,出台《上海市区生活垃圾分类收集、处置实施方案》,到 2011 年推行"百万家庭低碳行,垃圾分类我先行"实事项目,再至 2019 年全市范围内正式施行《条例》,垃圾分类已从一件"生活小事"转变为"城市风尚"。围绕垃圾分类而产生的源头管理、源头减量、末端资源化处理已经实现了程序化操作和流程监管,各环节紧密有机衔接,制度规范不断完善。

回顾上海 2019 年以来近五年的垃圾分类发展历程,从舆论界强调的垃圾分类进入"强制时代",到垃圾分类工作深度融入城市基层社会治理网络,以街道社区为"主战场",一场城市蜕变大计悄然开展。四色垃圾桶和分类小程序引导居民形成新的绿色习惯,培养起定点投放、定时投放的绿色日常。

在上海,随着探索党建平台统领志愿服务,加强共建单位协同行动,推进社会共治,已经实现了"社区 +N"的垃圾分类共建社群,一度"缺人"的难题也通过志愿服务方式得到了彻底解决。通过借外援、建专员,夯实软硬件设施,落实技术要求和管理规范,提升垃圾分类科技含量,实行巡访与随机督查机制,如今的垃圾分类工作已经成为一项体系化、科学化、智能化、信息化的现代事业。

如何通过垃圾分类,打造社区共同体?

在超大城市发展面临资源约束和规模陷阱的今天,也在探索自身城市的可持续发展模式。而社会文明作为现代化城市的精神成果,是衡量一座城市文明程度和现代化高度的重要指标,标志着城市的人文素养,体现着市民的整体精神风貌。

"致广大而尽精微"——在一贯擅长精细化治理的上海，将社会培育、社区营造的大计融于市民的生活细节，以提升居民文明程度来整体性提高社会文明，这是新时代上海城市治理的重要方向。从广大处着眼，穷尽道体之细、积微成著。在这种以善小而为之，纠小恶而成大善的环境中，上海率先开展的垃圾分类工作收获了远超垃圾分类领域的重要质变。

在上海，通过推行垃圾分类工作，治理资源向下沉淀。不断贯通的纵横结构使得多元主体能够以适宜的形式参与到生活场域内，并以多重组合的方式建构行动者网络，实现局域互联和效能递增，进而激活基层社会治理的主体密码。

上海市的垃圾分类工作实践证明，城市治理并不"缺人"，而是缺少将人才、人力流动到基层关键点位的机制，实现常态化治理的引才渠道以及动态化追踪的长效规范。垃圾分类工作的长期施行，意味着现代化城市要动员起最基层的城市居民和重点人群，使居民从"被治理"向"自主治理"转变。

在这一过程中，除顶层设计的制度性规范外，政策的执行过程和社会反应态度也极为重要，只有做实各环节工作，压实各方责任，才能实现终端操作层面上不打折扣的分类。

此外，前期的分类引导尤其是志愿者动员和管理也是垃圾分类工作能够长久性开展下去的重要因素，面对2400多万常住人口的"生活化上海"，需要更富理性的组织系统来联动起基层社会。也因此，上海市在基层推进的志愿者服务管理体系和基层社区治理体系成为当下垃圾分类工作顺利推行的"探路人"，是全市垃圾分类工作整体化开展的重要支撑。

在上海，垃圾分类还成为带动老旧小区改造和全市社区功能建设的重要载体渠道。垃圾分类的治理效益已逐步外溢，实现了可观的治理扩散和民意基础的累积。

随着支撑垃圾分类工作开展的有机网络逐渐生成，多方资源不断汇集，在垃圾分类的第一线——居民生活区内，原先受到设计限制和规模扩张矛盾制约的老旧小区得以进行大范围的集中改造。尤其是针对小区内的生活垃圾处理站建设问题以及楼道占用、建筑垃圾归置和有害垃圾无害化处理等问题的解决，成为垃圾分类工作治理拓展的重要组成部分。

与此同时，全市社区功能建设也在这场垃圾分类战中伴随进行，针对现代化城市的社区功能定位和效能发挥，上海也以垃圾分类为契机进行了全域性的设计和完善，探索了社区可持续发展的上海模式。

在上海，垃圾分类工作对于打造新风尚下的社区共同体、邻里共同体还有着至关重要的先导作用和测试功能。随着垃圾分类的不断深入，疏离的原子化城市社区和板结的传统农村社区都出现了结构性变化。居民对于"优质社区"的理解和认识已从单纯关注静态化的社区环境，延伸出对垃圾分类执行度和社区清洁能力等动态化指标的高度关切。因此，居民对社区的评价体系不断升级，其社区意识也不断增强，更加强调维护社区、关心社区的社区归属感和责任感。

在城市社区，尽管市场化的物业管理形成了服务与被服务基础语境，但居民不断强化着作为社区主体的主导性，以垃圾分类为纽带，正在成

徐家汇花园小区内开展讲座，向居民宣传垃圾分类知识
上海徐汇枫林路街道供图

长起一批社区自治组织，并不断强化业委会的影响力。"家"的概念已从一家一户扩展为社区意义上的家园，社区共同体快速形成。

在农村社区，街巷里弄形成的邻里关系也从早期的宅基地问题、集体资产收益分配问题反映出的权益分割向权益结合，乃至向权益一体转变。人们通过垃圾分类认识到农村社区的公共基础设施建设和集体卫生的保持是实现乡村振兴、美丽乡村的重要渠道，不应当以邻为壑，出现罔顾村容村貌的现象，紧密的邻里共同体是清洁乡村实现田园诗生活的基础。

如何提升居民文明，迈向"无废城市"？

2023 年初，上海市出台了《上海市"无废城市"建设工作方案》，由此开启探索超大城市可持续发展的新范式。在无害化、资源化利用的基础上，"无废城市"还将织就更为绿色的城市图景。

在垃圾分类工作高效开展的过程中，从一线垃圾站点的志愿者引导式投放，到转运工作的"快递式"精准模式，再到已经开启的"无废城市"建设，上海以垃圾分类为核心，正在着力建构起上海市生活垃圾全程分类保障体系，从提高全流程综合服务能级的高度加快人民城市的生态文明建设。

倘若我们以思想为镜，放大这场生活里的变化，便可洞察出基层社会治理场域的重要改观。在基层中国，曾经形象模糊的国家（政府）并未在转型时代"退场"，而是以更直观的方式重塑着群众对规范性力量的认知——通过对民间行为的引导，构建起新型评价体系中的价值坐标，激发人民在基层社会治理中的参与度和责任感，营造新常态下的行动积极性和自为性。

另外，居民作为城市生活的主体，也从原先的被管理者逐渐化身为城市主人，尽管社会历经现代化的种种改造，呈现出纷繁复杂的碎片化形态，但通过垃圾分类行动，城市居民的主体性正在不断提升，群众从这件最不起眼的家事着手，开始学习如何参与自身所在社区、街镇乃至城市的治理，形成对公共事务的理解和对公共精神的认同。

以垃圾分类为媒，众多社会力量开始深度融入上海基层社区，撬动各类资源、链接各项服务，吸引了不同领域人才涌入。垃圾分类已从"麻烦"转变为"事业"，成为社区治理的"重头戏"、社区发展的"比武场"。伴随着垃圾分类工作的推进，原先强制性规制意味逐渐消解，随之而生的是居民将垃圾分类规范的自我内化并进而养成主动分类、科学分类、有效监督的新习惯。从这一意义上来看，上海市的垃圾分类工作不仅有着促进居民文明素质提升的价值，更彰显出社会文明的夺目光华，成为新时代上海精神的重要体现，是上海实现人民城市建设的突出行动。

2023年5月21日，习近平总书记给上海市虹口区嘉兴路街道垃圾分类志愿者回信，对垃圾分类工作提出殷切期望。习近平总书记的回信成为上海率先开展垃圾分类工作取得卓越成效的重要肯定，也指引着上海以基层社会治理推动人民城市建设向更深层次扎实推进。

总书记在回信中强调，"垃圾分类和资源化利用是个系统工程，需要各方协同发力、精准施策、久久为功，需要广大城乡居民积极参与、主动作为。"毫无疑问，志愿者也将在未来"用心用情做好宣传引导工作，带动更多居民养成分类投放的好习惯，推动垃圾分类成为低碳生活新时尚，为推进生态文明建设、提高全社会文明程度积极贡献力量"。

事实上，也正是无数志愿者的在场，居民在这场并无砖瓦的城市营建里以能动性获得了幸福感。

71 万志愿者参与垃圾分类，
志愿服务如何进入常态化 [1]

郑英豪／上海市文明办副主任、市志愿者协会副会长
俞伟／上海市文明办志愿服务工作处处长、市志愿者协会秘书长

上海垃圾分类工作从"嫌麻烦"转身为"新时尚"，离不开全市 71 万多垃圾分类志愿者的参与。同时，很多志愿者也实现了除自身职业外的第二价值，感受到了幸福感和获得感。那么，垃圾分类志愿服务体系是如何搭建起来的？各年龄层的志愿者在其中发挥了什么作用？除志愿者之外，社会组织如何发挥专业作用？

在上海，平均每 9 名注册志愿者中就有 1 名参与垃圾分类志愿服务。垃圾分类志愿服务体系是如何发展起来的？

郑英豪：上海的垃圾分类工作从"一个筐"变"四个桶"，从"嫌麻烦"到"新时尚"，经历了一次又一次的迭代升级。其中，上海的垃圾分类志愿者功不可没。

2018 年 8 月，市文明办、市志愿者协会指导成立上海市生活垃圾分类志愿服务总队，并面向社会公开招募垃圾分类志愿者；2018 年 9 月，杨浦、静安等六个区成立区级垃圾分类志愿服务分队；2019 年 7 月，黄浦、徐汇等十个区成立垃圾分类志愿服务分队。至此，垃圾分类志愿服务组织在区级层面实现全覆盖。与此同时，各街镇、各居（村）垃圾分类志愿服务队相继成立。目前，上海市生活垃圾全程分类市、区、街镇、居（村）委会、小（社）区"三级管理、五级队伍"的志愿服务体系基本形成。

全市各级垃圾分类志愿服务组织、志愿者均于"上海志愿者网"实名注册，志愿服务项目均于"上海志愿者网"发布，截至 2023 年 5 月，共发布垃圾分类志愿服务项目 2.76 万余个，参与志愿者 71.38 万余人，累计服务时长超过 4698 万小时，

1 本篇内容由澎湃新闻记者邵媛媛采访整理。

上海徐汇区斜土路街道卫星大楼小小志愿者助力垃圾分类

上海市文明办供图

这意味着，平均每 9 名注册志愿者中就有 1 名参与垃圾分类志愿服务工作，全市 6400 多个社区，平均每个社区已展开 4—5 轮垃圾分类志愿服务活动。

志愿者队伍为何能在垃圾分类中发挥如此重要的推动作用？

郑英豪：首先，从统筹建设来说，主要得益于党建引领。这是中国的特色，也是上海的特点。由党组织来承接推动，之后基层响应层层落实；同时依靠强大的宣传力度，形成了社会面的全体动员。

其次，得益于上海整个志愿服务工作的深厚基础与生态基因。我认为上海的志愿服务分为三个阶段，第一阶段是 20 世纪 80 年代的学雷锋活动，鼓励大家在社区里为民办事，这阶段是志愿服务的雏形。第二阶段是以 1997 年上海志愿者协会的成立为标志，当时上海要举行第八届全国运动会，这也是全国第一次在大型赛会里设立志愿者工作部。这个阶段的巅峰是 2010 年上海世博会的举办。而第三阶段是从大型赛会走向社区的基层治理，显示出从"战时到平时"的变化特点，这个阶段最典型的就是垃圾分类志愿服务工作，实现了全人群与常态化的志愿服务。

在开展垃圾分类志愿服务的过程中，遇到过哪些困难，是如何克服的？

　　俞伟：工作刚开始时，确实面临着一些困难。一方面，有居民的不理解不配合。比如，在虹口区嘉兴路街道安丘居民区，曾有一位居民每次都将一大袋生活垃圾随手一扔。志愿者便捡起来并打开垃圾袋，重新进行分类。如此坚持了好几天后，这位居民有点不好意思，主动开展了分类。志愿者便抓住机会，向他讲解垃圾分类的理念。后来，这位居民成了居民区垃圾分类志愿服务队的骨干成员。全市类似的情况还有很多，志愿者主要通过在居民区文明实践站开展家庭趣味分类游戏、发放垃圾分类入户宣传"三件套"（除臭、破袋、洗手）等方式，帮助居民快速参与到垃圾分类工作中来。

　　另一方面，志愿者也很辛苦。比如长宁区华阳路街道部分居民区，在刚开始的"撤桶期"，垃圾箱房最开始设置的敞开式湿垃圾桶成了蚊蝇、蟑螂的"天堂"，这让志愿者苦不堪言，也让居民有所怨言。后来，居委会发动志愿者，从居民角度共商垃圾分类投放方案，合理确定垃圾桶的摆放数量和位置，设置便民洗手池、垃圾回收车绕行路线等，让环境逐渐改善。针对垃圾箱房夏天炎热的情况，有的居民区文明实践站还为志愿者提供了遮阳伞、盐汽水等防暑降温用品，为志愿者服务提供了保障。

四年来，许多"金点子"从志愿服务行动中产生，能为我们讲述几个案例吗？

　　俞伟：在垃圾分类志愿服务工作的开展中，我们发现确实是"高手在民间"。比如，在丰富宣传方式方面，上海市生活垃圾分类志愿服务总队开发编印"幼、小、中"三套《垃圾分类课堂教材》；设计开发一系列垃圾分类卡通形象和文创产品；绘制编辑、公开出版了两套《垃圾分类连环漫画》；创作国内第一部垃圾分类题材轻喜剧"头等大事"并开展巡演；策划开展"垃圾分类新时尚，文艺轻骑兵进社区"活动等，起到良好的社会宣传效果。

　　再比如在志愿者体系建设方面，虹口区嘉兴路街道建立健全居民区生活垃圾分类减量联席会议制度，制定垃圾分类工作居委考核、生活垃圾分类巡查机制在内的"三级管理、分类巡查、监督整改、分析评价、志愿者培养"五方面工作机制，成效良好。嘉兴路街道因此在 2021 年获评上海市垃圾分类志愿服务特色社区。此外，还有金山区漕泾镇的"垃圾分类宣讲团"、嘉定区菊园新区房地产经纪"绿色联盟"、黄浦区淮海中路街道的"快板宣传队"等，都是基层开展垃圾分类志愿服务的好经验、好做法。

年轻人也是志愿者群体的重要力量，他们作了哪些贡献？

俞伟：年轻志愿者群体让垃圾分类更有时尚味、青年范儿。上海目前已经形成了全市团组织、团员青年共同参与推进垃圾分类一盘棋的格局，43 家团组织联合成立了"上海共青团生态环境团建联盟"，组建"上海市生活垃圾分类青年志愿者服务队"，打造了一系列项目。

以华东理工大学的"垃圾银行"为例，这是一个发起于 2011 年的环保实践与科普志愿服务项目。每个学生在"垃圾银行"都有自己的账户，账户积分都是通过贡献可回收垃圾积攒下来的。截至 2021 年，学校统计有 3.4 万名师生贡献了 1.2 万余斤的垃圾。

另外，市容绿化行业从业者、上海垃圾分类青年志愿者讲师叶秋余指出，每年高校入学新生、来沪旅客、新定居上海的人员数量相当庞大，这些人群是要坚持宣传到位的。在这方面，他也认为青年志愿者大有可为。同时，他还指出广大青年也可以是绿色低碳生活方式的实践者，"在日常生活中主动参与垃圾分类、减少一次性用品使用、购买可重复使用的二手产品等"。

在管理志愿者服务层面，是否对志愿者服务团队们有相应制度保障？

郑英豪：2019 年，我市修改《上海市志愿服务条例》，进一步明确包含垃圾分类志愿者在内的广大志愿者的权利义务。

在制度建设方面，市文明办、市绿化和市容管理局联合下发《关于建立和完善上海市生活垃圾全程分类志愿服务工作体系的指导意见》《关于进一步加强本市各街镇垃圾分类志愿服务队建设工作的通知》等，明确各级垃圾分类志愿服务队伍管理体系、队伍建设、注册服务、培训要求以及品牌建设等方面规定。

在激励嘉许方面，市文明委制定《上海市学雷锋志愿服务激励嘉许实施办法（试行）》，为包含垃圾分类志愿者在内的广大志愿者完善评选表彰、宣传激励、信用激励、关爱帮扶、保险保障、礼遇优待、项目资助"七位一体"的激励嘉许机制。

在实行志愿者星级认证方面，截至 2023 年 5 月，全市共有星级认证志愿者 11 万人，其中 2.8 万人参与垃圾分类志愿服务，占比超过 25%。另外值得一提的是，目前上海是全国唯一一个实现志愿服务信用激励的省级行政区。这源于一次志愿者问卷调查的结果，调查显示志愿者最想要的激励是信用激励，这超出我们当时的想象。2017 年，市文明办、市发展和改革委员会联合将志愿服务信息纳入个人信用报告。如果你是星级志愿者，或者评上过市级、区级及以上的优秀志愿者，这些都会显示在个人信用报告上。

除了志愿者外，社会组织如何利用其专业性发挥作用？

俞伟：社会组织是文明实践志愿服务运行机制中的一个重要组成，尤其在引领广大市民群众积极投身低碳知识宣讲、垃圾分类引导、厨余垃圾循环、旧衣物回收利用等方面发挥了重要作用。社会组织因地制宜探索新鲜经验、首创办法，推动"金点子"转化为基层治理"金果子"。

以徐汇区凌云街道梅陇三村的民办非企业单位（组织）"绿主妇环境指导中心"为例，梅陇三村是建于 20 世纪 90 年代的一个动迁安置小区，曾是远近闻名的"垃圾小区"。2011 年开始逐渐组建"绿主妇"志愿服务队，以点带面让居民们发挥个人专长，积极参与小区的自治管理，为小区建设出谋划策。"绿主妇环境保护指导中心"也因此成立，扩大了项目辐射面。

自从"绿主妇环境指导中心"成立以来，通过建立编织社、酵素坊，实施"家庭微绿地""循环超市""一米绿阳台"等项目打通回收链，具体有：用干垃圾做成工艺品，将湿垃圾自制酵素种植的绿色蔬菜送上居民餐桌。这种让垃圾分类深入生活细微处的做法，使"垃圾小区"变为居民引以为豪的"美丽家园"。为此，梅陇三村被评为全国最美志愿服务社区。

体系建设：
上海生活垃圾全程分类体系
System Construction:
Classification System for the Whole Process of
Household Waste in Shanghai

如何赢得"全程分类"这场与生活方式的赛跑

陈宁 / 上海社科院循环经济与绿色发展研究室主任

从流程来看,垃圾分类体系有前端、中端和末端,包括分类投放、分类收集、分类运输、分类处置的全程分类体系。每一个环节的分类都存在不同的问题,不仅需要硬件设施的配套,还需要居民养成新的生活习惯,以及各个部门的分工合作等。2019 年《条例》的正式实施,标志着上海生活垃圾强制分类的时代来临,也是对上海生活垃圾全程分类体系的全面检阅。近五年来,上海生活垃圾全程分类体系奏响了新时代新时尚的进行曲。

上海生活垃圾全程分类体系是怎样的?

上海全面建立了从源头投放到末端处置的生活垃圾全程分类体系。自 2019 年 7 月 1 日以来,上海持续保持干垃圾减少,其他三类垃圾增加的"三增一减"趋势,生活垃圾全程分类体系闭环成型。

前端:投放系统全面规范。

在实施垃圾分类之前,各小区由于环境、建筑等条件的不同,产生了各种类型的垃圾投放设施。如果沿用既有的垃圾投放设施,既无法满足定时定点投放的要求,也会产生无法估量的行政管理成本。因而在推行垃圾分类之初,各街道首先对垃圾投放点位进行了统一、合理的规划。在综合考虑每个垃圾投放点位的覆盖面、对应的居民户数、居民投放习惯的基础上,将原有垃圾桶归并、调整、优化,设置符合标准的垃圾箱房,即所谓"撤桶并点"。每个点位基本采用定时定点投放方式,保证干湿二分类成套设施,具备条件的点位进行四分类标准化改造。每个点位最少配备 1 名专职管理员和 1 名志愿者,每天最少工作 4 小时。截至目前,上海已完成 2.1 万余个分类投放点规范化改造,单位和个人分类达标率均保持在 95%。

中端：收运系统全面配套。

实施全覆盖的垃圾分类模式相当于对原有的环卫收运作业体系的流程再造，是对收运模式的一次重大变革。按照"分类投放必须分类收运"的要求，分类后的各类生活垃圾必须实行分类收运，干垃圾和湿垃圾都要采用专用车辆收运，可回收物由商务部门备案的再生资源回收企业或环卫收运企业收运，有害垃圾交由环保部门许可的危废收运企业收运。垃圾分类实施后，清运作业公司大幅增加了湿垃圾清运班次和运力，并与所在街道之间探索出了紧密的沟通协调机制，提高了清运作业的效率。

上海生活固废集装转运虎林基地车队
上海市绿化和市容宣传教育中心供图

末端：处置系统扩容增效。

生活垃圾末端处置设施的建设，能够很大程度上解决源头分类投放与中端分类运输后的垃圾出路问题。对不同类型的生活垃圾进行分门别类的资源化及相应的处置方式，也是提高资源利用效率的有效方式。上海市干垃圾主要采取"一主多点、全量焚烧、全市统筹"模式处置，

"一主"是指老港再生能源利用中心,"多点"是指老港以外其他区域建立的焚烧处理设施。针对湿垃圾近年来不断增长的趋势,上海持续增加湿垃圾处置能力,目前采用"集中 + 就地"相结合的资源化利用方式。截至 2023 年 5 月,上海日均干垃圾焚烧和湿垃圾资源化利用总的处置能力达到了每天 3.6 万吨。

上海生活垃圾全程分类体系有何特征?

生活垃圾分类被称为"关键小事",但也是一项具有社会性、长期性的系统性工程。推进生活垃圾全程分类是一场与传统观念的角力、与生活方式的赛跑。上海生活垃圾全程分类体系,不仅在横向上实现了从前端到末端的统筹安排,各种硬件和软件的设施配套完善,还调动了广大居民的积极性,参与到垃圾分类的实践中来。具体来说,上海生活垃圾全程分类体系,有以下五个方面的特点:

一是基层治理强大有力。在上海垃圾分类工作部署中,按照"市级统筹—区级组织—街镇落实"的思路,执行市、区、街镇、居(村)四级联席会议制度,基层治理对于落实生活垃圾全程分类体系起到关键作用。

首先是把垃圾分类工作作为基层政府工作的"一件大事"。以街道为单位,成立垃圾分类工作推进领导小组,召开垃圾分类工作动员大会,制定垃圾分类行动计划。

其次是把垃圾分类工作作为基层领导干部目标考核的"一个导向"。将垃圾分类纳入地区年度经济社会发展和党政领导班子考核的一项考核内容,纳入高质量发展和污染防治攻坚战监测评价指标体系,纳入文明单位创建考核,以严格的目标考核确保工作落实。

最后是把垃圾分类工作作为基层党建的"一个重点"。将垃圾分类工作纳入基层党组织管理的工作职责,充分发挥党建示范引领和党员先锋模范作用,激发基层群众做好垃圾分类工作的积极性和创造性。

二是设施建设规范先进。垃圾分类设施建设是改变居民垃圾投放行为的抓手和突破点,规范高效的分类设施建设为居民参与生活垃圾分类扫除了外部障碍。上海发布了《上海市生活垃圾分类投放指引》《上海市生活垃圾定时定点分类投放制度实施导则》《生活垃圾分类标志管理规范》《垃圾房技术要求》《生活垃圾分类投放收运要求》等相关政策指引，推进居住区、公共场所的生活垃圾投放容器、标识的规范化及驳运机具的规范化和标准化。在此基础上，依托城市数字化转型的平台和成果，推动生活垃圾全程分类体系的不断升级。探索对接全市"一网统管"平台，实时监测掌控源头投放设施、收运体系及末端处置环节的运转情况。

三是激励约束刚柔并济。通过正向激励和监督约束，进一步增强全社会参与垃圾分类的内生动力。结合"绿色账户""积分存折"等手段，在规定的投放时间，向分类准确的居民发放积分，积分达到一定程度，可获得经济激励。积极利用"熟人社会"的特征，开展垃圾分类的示范引导活动，并颁发如"垃圾分类达人之家""垃圾分类新风尚个人"等荣誉称号。对于分类不规范或在规定时间之外随意投放的行为，依托社会治理网络化机制，充分发挥社会网格员、城管队员、居委会等的作用，开展垃圾分类巡查和劝导。对商业楼宇的商户严格执法，发现违法行为依法采取严厉的惩罚措施；对居民主要以劝导、教育为主，惩罚为辅。

四是科普教育持之以恒。对全社会进行垃圾分类的教育是激发居民内在动力、破除垃圾分类内部障碍的必要举措。垃圾分类工作中持之以恒的科普教育是重要一环。在首轮宣传教育中，各街道基本实现入户宣传全覆盖，居民知晓率、认知率达到100%。通过教育使居民认识到"垃圾围城"问题十分严峻，进行垃圾分类刻不容缓而非可有可无。同时垃圾分类也是上海居民必须履行的法定义务。待居民认识转变后，逐渐加强对垃圾分类知识、技巧的宣传，以进社区、进机关、进学校、进企业、进商场、进公园为重点，并采用多种多样的方法形式。通过整合全市垃圾分类收集、运输、处理、资源化利用设施等科普资源，融合运用增强现实、虚拟现实等新一代信息技术，打造高科技、体验式的科普线路。

五是参与机制广泛多元。公众参与程度是衡量现代社会治理水平的重要指标，良好的垃圾分类有赖于全社会的积极参与。志愿者参与是上海垃圾分类成功推进的重要因素，截至 2023 年 5 月，上海垃圾分类注册志愿者人数超过 71 万，相当于每 9 名注册志愿者中就有 1 名是垃圾分类志愿者。习近平总书记给上海市虹口区嘉兴路街道垃圾分类志愿者的回信，彰显对志愿者工作的充分肯定。上海垃圾分类在街道层面探索了"路长制""桶长制"等新型治理模式与参与机制，各主体根据分工各司其职，并强化主动参与、自我管理、自我监督意识；在社区层面探索了各种各样的居民自治机制，如家园理事会、业委会、垃圾分类事务所等，引导居民参与到垃圾分类有关议题中，包括垃圾箱房的选址、投放点开放时间、分类处置装置更新等，真正做到人人参与、人人共享。

上海进一步打造垃圾分类升级版的展望

对照陈吉宁书记指出的"以更高标准、更严要求、更大合力打造垃圾分类升级版"的要求，上海生活垃圾全程分类体系应着眼于进一步精细化、减量化和绿色化，推动垃圾分类成为低碳生活新时尚。

一是分类精细化。当前上海一些社区已经开始尝试"六分类"甚至"八分类"，将湿垃圾和可回收物细化分类，进一步提高了资源化利用的效率和可能。

二是源头减量化。根据废弃物等级管理原则，从源头减少垃圾产生是处于最高优先级的管理策略。生活垃圾分类只是实现废弃物循环利用的第一步，要实现源头减量化，需要通过生态循环设计、延长产品使用等前端手段预防生活垃圾的产生。

三是生活绿色化。据学者研究，垃圾分类行为对于参与回收、绿色购买等亲环境行为存在一定的溢出效应。在"双碳"目标下，生活垃圾分类应当作为牵引全体居民绿色生活方式转型的关键节点，推动社会全面绿色转型。

垃圾分类不是一蹴而就的，
上海如何管理、监督和保障 [1]

齐玉梅 / 上海市绿化和市容管理局生活垃圾管理处处长

近五年来，作为全国垃圾分类的先行者，上海不断出台新制度、采取新举措，硬件、软件并举，培养并巩固居民分类习惯，通过"人防 + 技防"保障垃圾全程分类落实到位，逐步探索出垃圾分类的上海实践。

"我们要有一定的容忍度，垃圾分类不是一蹴而就的。"上海市绿化和市容管理局生活垃圾管理处处长齐玉梅说，"但从 2018 年到现在，我们可以说，市民参与进来了，垃圾分起来了，（全程分类）体系建起来并有效运转起来了，每一类垃圾的收运和处置都得到有效配套。"

经过这些年的探索，上海生活垃圾分类形成哪些有效做法？

上海垃圾分类坚持因地制宜，"一小区一方案"，统筹居民区党组织、居委会、业委会、物业公司等各方力量，形成共治合力。如果以"主体管理者是谁"来划分，上海主要形成了五种具有代表性的管理模式。

一是党建引领模式。以闵行区浦锦街道茉莉名邸为代表，由基层党组织带头，驱动居委会、业委会、物业公司"三驾马车"，居民区党支部在垃圾分类正式施行前，牵头召开"四位一体"会议、党员大会、楼组长会议等骨干会议，开展民意调查，在此基础上制定出符合小区实际的垃圾分类实施方案。明确"移动投放"试点后，物业公司主动添置"移动分类车"；党支部细化"五定"工作法，即定点、定时、定岗、定区域、定志愿者，引导居民在规定时间内，有序投放到移动分类车中；居委会和业委会共同加强关于移动投放的宣传力度。

二是物业驱动模式。以杨浦区尚浦名邸为代表，物业公司主动履责，落实垃圾分类投放责任人职责，保洁员成为垃圾分类宣传员和监督者，记录每户分类情况，物业员工均成为垃圾分类宣传员。另外，在商圈、商务楼宇，物业公司更是发挥核心作用，如游客集中的豫园商城，物业培训管理人员、保洁人员、商铺店员、安保人员、单位责任人员等，学习垃圾分类标准和规范，培育了一支以保洁、安保人员为骨干的垃圾分类督导宣传队伍，时刻引导游客正确分类投放垃圾。

三是业主自治模式。以静安区扬波小区为代表，该小区从 2011 年开始尝试垃圾分类，2018 年垃圾投放就细分到 9 类。在业委会的带动下，志愿者们每天早晚在垃圾箱旁值勤，在小区办起了黑板报，每期都会对认真分类的居民点名表扬。但目前我们发现，这种自治管理主要适用于一两百户的小型社区，需要靠小区的业委会和热心人士主动牵头把事情组织起来、把居民团结起来。

四是合约管理模式。以徐汇区东方曼哈顿为代表，该小区楼高 39 层，物业公司一直上门收集居民生活垃圾，楼层长期存在小包垃圾堆积问题。2023 年 6 月，小区居委会、物业公司决定停止上门收集垃圾，请居民自行下楼投放，引发居民投诉。街道市容办、居委会、物业公司和投诉居民多次召开协调会，宣传解释，并制定了包括提升小区环境在内的整改方案，安抚居民情绪，但是仍有少数居民不愿意撤桶，希望垃圾桶放在楼道内。因此，物业公司和业主磋商达成协议，如果垃圾分类合格就将垃圾桶继续放在楼层内，如果不合格就撤桶并点，定时定点在楼下投放垃圾。目前，大部分楼栋居民已经下楼投放垃圾。

五是智能辅助管理模式。以嘉定安亭镇为代表，该镇将"一网统管"深入应用于生活垃圾分类工作。目前，居民区集中投放点可视化监控覆盖率已达 90% 以上的。通过小区垃圾箱房"可视化＋智能化"监控摄像头，可以实现垃圾箱房周边环境、居民投放行为、垃圾箱房内外情况等的全过程记录。对于违投垃圾，志愿者、物业人员可以及时处置，居委会人员也能通过监控记录违投行为人，上门沟通劝导，并与城管联动。上海很多街镇正在推进类似做法。社区人口是流动的，不管第一阶段垃圾分类效果多好，志愿者撤离后，后续还是需要通过智能辅助来实现常态化管理。

除了各方引导和监督，我们始终在不断优化升级硬件配套，为居民垃圾分类提供更好的环境，并不断降低垃圾分类的管理成本。

垃圾分类工作初期，只要垃圾桶相关配套标识齐全，有志愿者、居委、物业等进行告知，引导居民正确分类就可以完成指标。随着垃圾分类工作持续深入，有居民反映丢湿垃圾不方便，需要"破袋神器"，也有居民觉得"破袋神器"不安全，倾向于手动倒袋，但需要洗手。进入夏季，湿垃圾容易产生异味，保洁人员要对桶内湿垃圾及时除臭，另外封闭式垃圾房还需要通风等综合性除臭措施。2019—2022年，上海全市服务于居住区的生活垃圾分类投放收集点中，有2.2万余个垃圾箱房完成了升级改造，安装了洗手装置和除臭设备。

经过深入调研，我们发现集成式垃圾房更适合投放环境。对于垃圾房接下来还要安装顶棚、设置夜间照明等，为居民雨天丢垃圾、志愿者值守岗位提供便利。

如何巩固分类实效、减少混投混放现象？

2023年，居民垃圾分类混投混放现象略有"回潮"，误时投放比例增多，管理不善导致分类实效下降。

对此，首先是挖根源。我们分析有以下三方面因素：一是疫情期间，大家把垃圾扔在楼道、楼下，行为一旦松懈就难以回到原来状态，这是少数区域"回潮"的原因；二是长期推进垃圾分类，市民有了懈怠心理；三是部分社区保洁管理力量不足，增加误时投放后管理更加不善。

应对措施上，我们需要标本兼治。先治标，通过排查把一批问题小区找出来，根据垃圾分类管理经验，联动物业公司、居委会、基层党组织、街道办事处解决问题，让社区垃圾分类回到原来的轨道上。

再治本，从制度上堵漏洞。垃圾分类一开始是定时定点的，大家都按步骤做得很好。后来考虑到部分居民需求，增加误时投放，但由于对物业、居民没进行二次宣传，也没提出管理要求，出现了肆意误时投放的现象。所以我们制定了《关于进一步巩固提升本市社区生活垃圾分类投放管理的实施意见》，明确定时定点分类投放为主的原则，同时指导社区在设置误时投放点时应遵循相应的原则和管理要求，先充分征求居民意见、明确投放要求，再与物业做好衔接、做好日常巡查管理。

无论定时还是误时投放，都需要物业、居民共同参与，这取决于大家的约定。如果居民都能做到垃圾分类，可以采用全天候 24 小时投放模式；但如果大家不能达成共同行为，就只能定时定点和误时投放相结合，误时投放可能增加的物业成本需要小区内部协商解决。误时投放并不是给不参与分类的人以方便，而是给无法按时分类投放的人以方便。居民行为会影响社区垃圾投放管理的宽松度，当然我们不能把这个问题完全交给社区，政府也要参与引导。

2019 年刚推行垃圾分类定时定点投放时，晚上 8 点撤桶后，不少居民区的小包垃圾堆得像山一样高，可能有几百包。居委、物业和志愿者就上门做工作，调整投放时间，逐步减少小包垃圾乱丢的情况。近年在全市"一网统管"的推动下，智能监控变得发达。我们在此基础上增加了一些场景应用，乱丢弃的小包垃圾一旦产生，物业、志愿者能尽早发现、尽快清除，有的小区可能还会找到乱丢垃圾的居民，上门劝导。

从垃圾分类本身来讲，我们要有一定的容忍度，它不是一蹴而就的。不管多发达的地方，垃圾分类都是几十年的事情，上海从 2000 年到 2018 年算是教育阶段，2019 年正式推行垃圾分类至今仅 4 年多时间，不能指望所有人都做到垃圾分类。各种问题需要逐步改善，不可能一蹴而就。

单位和公共场所的垃圾分类情况如何？

单位和居住区垃圾分类达标率都保持在 95% 以上。单位有专业保洁，产生垃圾的场景比较单一。单位生活垃圾处理是收费的，对于干湿垃圾处置量签订了合同，环卫收运时会交接清楚，因此对垃圾分类的管理更加方便。

公共场所的前端分类相对来讲难以保证，对后端的物业管理水平依赖性更强。商场的大物业可能对小业主单位提出要求，前后端都要分类，但进入商场的消费者可能难以得到有效引导或强制。针对这个问题我们对部分商家进行了指导，比如全家便利店、麦当劳、肯德基等连锁经营店都对消费者垃圾分类开展了有效的标识引导。

露天公共场所的垃圾分类以引导为主，通过废物箱投放口改造引导分类行为，到2022年底全市完成约2.7万组道路废物箱投放口改造升级，很多人也关注到这一点。我有次路过外滩，一个4岁左右的小朋友要扔冰棒棍子，他看到那么多花花绿绿的投放口，就问妈妈该扔到哪里去。我相信，很多上海市民在街头扔垃圾也有习惯，即走到废物箱前会停一步思考垃圾扔进哪个桶。在外滩、豫园等重点场所，我们正在思考怎样把投放口改造得更生动，增强对市民、游客的引导。

公共场所的垃圾桶数量也引起过争议，多到多少是市民认为方便合理的，少到多少是政府期望的，这可能得动态平衡、双向适应。2023年6月，《上海市道路、公共广场等废物箱配置导则》（简称《导则》）发布，全面启动废物箱的设置点位摸排和优化调整，尽管如此，仍然会出现"外滩橱窗窗台变成垃圾桶"的情况。出于安全通行的考虑，废物箱不能设在主干道，而设在次干道，且每30米就有废物箱。所以我们一方面要合理调整废物箱数量，另一方面要加强宣传引导。垃圾不能随时随地扔，环顾四周找一找废物箱还是能找到的。

此外，不是所有的废物箱都要政府来配置，一些工业园区、旅游景点需要根据人流量自主配置废物箱。例如有媒体报道有些新农村游客多，导致大量垃圾被扔在地上。因此旅游管理主体可以参照《导则》进行配置，里面包含公园绿地、旅游景区、商业中心等地的废物箱配置要求。但《导则》只是行业内的建议性文件，我们想把它进一步升格为地方标准，对更多主体发挥影响力。

上海对生活垃圾的收运和处置能力如何？

上海建立了市、区两级生活垃圾转运体系。中心城区生活垃圾采取以集装箱式水陆联运为主、直运为辅的密闭化转运体系，郊区采取以转运站转运为主、直运为辅的密闭化转运体系。主要有两种运输途径：一是通过小型生活垃圾压缩式收集车进入小区或单位收运，然后进入转运站集装化后运输至码头，或直运至码头集装化，最后水运至老港生态环保基地处置；二是小型生活垃圾压缩式收集车直运（一般在末端处理设施厂覆盖范围内），或通过转运站集装化后陆运至末端处置设施。

目前，全市共有转运设施 44 座，其中市级码头 2 座（徐浦、虎林路码头），设计转运能力 7000 吨 / 日，区级码头 1 座（闵吴码头），设计转运能力 2500 吨 / 日，区级转运站 41 座，设计转运能力共 11234 吨 / 日。

末端处置上，干垃圾全量焚烧，湿垃圾以资源化处理为主。到 2021 年底，全市已经实现了原生生活垃圾零填埋。近年来，干垃圾焚烧引入了技术参数更高的炉排方式，发电量明显上升，烟气排放的达标稳定性大幅提升。湿垃圾方面，推进黑水虻生物处置、沼渣低碳高值化利用等资源化处置方式，不断探索由湿垃圾制成的土壤调理剂和有机肥产品在农业、林业、园林景观等适宜领域的推广应用，资源化利用效率也在不断提高。

如何监督和保障生活垃圾全程分类？

垃圾分类的监督和保障贯穿于每一个环节。第一道关是保洁、志愿者以及智能监控的监督；第二道关是收运人员的检查，坚决杜绝混装混运，实行"不分类、不收运"制度；第三道关是中转站对进场垃圾进行的品质控制，拒收分类品质不达标的垃圾，对混装混运严重的收运企业实行市场退出。

分类处置环节，基于四类垃圾的末端处理方式，末端处置企业都会对垃圾的品质提出要求。湿垃圾中如果混入过多其他垃圾，处置设备将没法运转；可回收物有再利用需求，干垃圾不能混入其中卖给企业；有害垃圾处理成本很高，末端企业也不会允许其他垃圾混入。因此，进场垃圾都有品质监控、来源追溯，如果不合格可以反映给我们，我们向区里开罚单，找到具体作业人。通过源头监管、层层递进和末端倒逼的方式，基本可以保障垃圾全程分类。

目前，全市主要通过人工方式进行监督，部分生活垃圾中转点位实现了自动品质监控。上海共建有干湿垃圾中转站 44 座，17 座涉及湿垃圾中转运输，其中，11 座已完成车辆自动识别、垃圾分类称重、湿垃圾分类品质监测等信息系统安装，2 座待安装，4 座拟定计划中。无论人工还是自动，整个环节都有品质监控，下一步我们希望有更多智能化、自动化的方式，提高监管效率。

源头减量:
全面立体的减量举措
Reduction at Source:
A Comprehensive and Three-Dimensional
Reduction Initiative

三大主要生活垃圾，源头减量如何突破重点和难点

何品晶 / 同济大学环境科学与工程学院教授

"五零行动 @ 黄浦"暨"源头减量零浪费街区"试点项目启动仪式
上海市绿化和市容宣传教育中心供图

　　中国长期坚持生活垃圾"三化"原则，即减量化、资源化、无害化原则，其中，减量化居"三化"之首。

　　目前，上海市生活垃圾的主要组分依次是：厨余（湿垃圾）、塑料（干垃圾）和纸类（干垃圾），质量占比分别为 55%、23% 和 12% 左右，合计占生活垃圾总量的约 90%，应是当前生活垃圾减量的重点对象。根据生活垃圾源头分类，从三方面入手可在源头上减量。

厨余、塑料、纸类垃圾减量重点环节在哪儿？

　　家庭厨余垃圾主要源自家庭炊事的食材准备环节，产生量与食材（主要是蔬菜类）销售时的适食状态有关。塑料类垃圾主要源自商品基础包

装、快递包装及购物袋，少量来自家庭非耐用商品，影响塑料类垃圾产生量的主要因素是网购的普及程度和购物袋的供给方式。目前，纸类垃圾主要源自各类商品包装和一次性纸巾，原来占有较高比例的印刷媒介已大幅减量。

依据对重点减量对象源产生特征的分析结果，可以发现厨余、塑料和纸类垃圾减量重点环节如下：第一，厨余，蔬菜等易耗损食材的销售方式和饮食习惯；第二，塑料类，快递商品的取件模式和购物袋供给方式；第三，纸类，前端回收保障和一次性纸巾使用方法。

净菜上市如何削减厨余垃圾？

净菜上市，是公认削减厨余产生量的有效措施。上海和国内其他一些城市也采取过多种推广措施，然而总体实施效果不佳。究其原因，销售方式、烹饪和食用习惯是重要方面。

其中，前端净菜不到位、待售过程缺乏保质措施等是销售方式的主要缺陷，主要的技术性措施是按食材品类规定前端净菜的要求，待售过程采用保鲜保障措施（如分装套袋、售时去袋回收等）。面向超市和规范化菜场集市，应强制推行相关技术措施；面向网购平台，同样强制推行以膜代袋，包覆膜应鼓励采用经认证的可生物降解品类材料。

对于其他食材，可以采用推广半成品菜和预除非食用部分的销售形式，来减少家庭烹饪过程的厨余产生量。相关食材销售采用包装抵押的销售方式，为参加抵押的消费者予以折扣优惠。半成品菜和预除非食用部分在集中加工点完成，杂物可以直接加工为饲料，以实现食材利用最大化。

如何优化快递取件模式，实现源头包装物减量？

为保证商品质量在运输分发过程不受损害，网购商品通常都需要附加一定的包装措施，这成为网购时代包装垃圾量增大的重要因素。有计划地推广布局类似"菜鸟驿站"的快递自取网点，按规范配套网点的快递包装原位回收措施，可以减少进入居民家庭的包装垃圾量，提高包装废物回收率；也可以提高快递企业开发标准化可回用包装箱（袋）的积极性，实现包装物源头减量。

提高居民对快递自取接受度的主要措施有以下两点。

一是合理布局快递定点自取网点。网购消费比例提高后，客观上提高了市内、特别是居民区内商业用房的冗余比例。社区应根据居民的需要和商业用房冗余状况提供规范的快递自取网点用房；社区管理部门应鼓励并要求快递企业入驻自取网点。

二是规范快递定点自取网点的建设和服务。自取网点应按规定配套快递包装原位回收人员和工具。同时，为方便居民取件和运送，自取网点应以抵押出租方式为居民提供手推车等运送工具。

如何限制塑料购物袋、纸巾和外卖包装，少些"一次性"？

通过严格执行禁（限）塑政策，上海已杜绝了大中型超市和连锁便利店提供免费塑料购物袋的现象。但是，社区小型商业、特别是菜场和集市提供免费塑料袋的现象还较为普遍。对于小型商业宜适当增加临检力度，督促经营者不再提供免费塑料袋，社区也需要宣传塑料袋减量的生态环境意义，打消经营者因失去"亲民手段"而影响生意的顾虑。菜场和集市提供的免费塑料袋主要用于包装鲜活食材，其中，蔬菜包装材料的减量可以结合前述销售保质措施展开，可考虑开发可复用又方便携行的工具以替代包装鲜活食材的塑料袋。

一次性纸巾已广泛渗入上海居民的日常生活，替代难度较大，主要的措施有以下几点：首先，通过宣传教育、经济杠杆等方法，逐步推动居民重拾手帕，减少对纸巾的依赖；而各类经营场所均不可免费或主动为消费者提供各种一次性纸巾。其次，通过外包装收费等方式引导消费者少消费、店家少供应过度包装的一次性餐具，鼓励使用生物可降解材质的餐具。

而咖啡杯、奶茶杯等消费量大、较纯净、可回收价值较高的一次性纸杯，则可建立包装退款回收的网点，提高该类型包装物的回收效率，为纸类材料回收创造条件，而不是变成低价值可回收物或焚烧处置物。

在旅游行业，则鼓励限制一次性用品的使用。

如何规范社区前端回收，保障可回收物分流？

　　　　根据上海市生活垃圾分类管理部门的统计，生活垃圾中可回收物的分流比例已达到生活垃圾量的 20% 左右，是生活垃圾源头减量的重要贡献者。目前，可回收物分流的主要途径是无人值守回收箱和物业人员的回收，应予以规范和保障。

　　　　无人值守回收箱运作的主要问题是覆盖率有待提高和清空频率较低。主要的限制因素是转运能力和后分拣、暂存场地无法得到保障。转运能力的瓶颈因素以转运场所的布局和空间限制为主，后分拣、暂存场地的问题则与布局和租金等因素相关。政府可以在梳理本区域可供给的经营场所的前提下，与相关运营企业共同开展调研，协商解决场地布局和租金等问题。同时，还需要督促企业提高运营效率，维持居民的回收积极性。

　　　　物业人员回收是居民除依托回收箱和其他回收网点自行交售外，社区可回收物分流的重要补充途径，主要在社区的生活垃圾收集设施中实施。但社区用于生活垃圾收集的空间通常十分狭小，物业人员的回收活动除本身受到空间限制外，也会因卫生、整洁等原因产生扰民的问题。提高物业人员回收的效率需要从场地方面予以规范和保障，既保证物业人员回收的分拣作业要求，也可以解决分拣、暂存的扰民问题。物业人员回收场地的布局可以根据社区的实际条件，因地制宜地挖潜解决。

　　　　源头减量是上海生活垃圾分类收集实践的深化与发展，需要政府、企业和居民共同发力。政府需要在大型调查研究的基础上，制定净菜销售、快递自取网点、回收运营场所等一系列的建设和运营规范，协同企业解决相关场所的布局需求；回收和物业管理企业需要优化运营规划，协同政府和所在社区完善相关设施的布局、配备运行人员，提高可回收物分流效率；居民需要提高对生活垃圾减量的生态环境和社会治理意义的认识，通过不断优化消费习惯、持续参与可回收物回收活动，降低生活的碳足迹，为减污降碳作出贡献。

完善回收体系，垃圾计量收费可行吗[1]

赵爱华/上海市人大代表、全国城镇环境卫生技术标准委员会主任委员、中国城市环境卫生协会特聘专家

在上海，垃圾分类已经成为一张崭新的城市名片。短短几年时间，上海的垃圾分类已经取得了令世人刮目相看的成绩。自《条例》实施以来，上海的居（村）、单位垃圾分类达标率稳定在95%以上，生活垃圾"三增一减"趋于稳定，源头减量率达3%。上海生活垃圾已全量无害化处理，实现了原生生活垃圾"零填埋"。这些数据足以说明上海垃圾分类和源头减量工作取得的成绩。

但上海也面临着推进垃圾分类、源头减量亟待破解的问题，目前的成绩和市民的感受度还不完全一致，垃圾分类工作还有进一步提升的空间。而垃圾源头减量，常被赋予垃圾治理的最优先次序，需要全社会继续共同努力、久久为功。

上海市虹口区嘉兴路街道垃圾分类智能回收机
上海市绿化和市容管理局宣传教育中心供图

1　本篇内容由澎湃新闻记者李佳蔚采访整理。

"源头减量"对垃圾分类的意义何在？

我是学环境工程专业的，毕业后长期从事环境卫生的技术研究和管理工作，尽管就职单位从事业单位到政府机关，再从研究院所到大型国企集团，但工作对象从来没有离开生活垃圾，几十年间也直接参与和见证了生活垃圾处理行业的发展变迁。

我最早接触垃圾处置是在 1992 年，当初我们几个技术人员去老港处置场作现场调查。当看到船舱中散发着恶臭的"热气腾腾"的垃圾被一抓斗一抓斗从船上吊到 5 吨、8 吨的卡车上，垃圾渗滤液伴随着摇晃行驶的卡车沿途滴滴答答洒落，再看到一车车的垃圾在填埋场里像摊大饼一样不断向四周铺开，而满目的苍蝇在卡车上和垃圾堆上"翩翩起舞"。面对这些场景，我当时的想法是上海的垃圾处理怎么是这个样子？那粗放的场景自看到后很长一段时间里在我脑海中萦绕、挥之不去。垃圾太多、工艺太落后、工作环境太恶劣了！

好在后面的几年市里高度重视垃圾问题，不断提高填埋场的建设标准和作业标准，先后建成了老港二期、三期、四期卫生填埋场，基本解决了上海的垃圾出路问题。但与此同时，每年 5%—6% 的垃圾增长率，就是两个老港处置场也会很快被堆满的！于是，上海就研究国外发达国家的一些经验，开始探索"生活垃圾焚烧发电"技术在上海推广的可能性。

2000 年以来，上海迎来了末端处置设施的快速发展时期，从 2001 年、2003 年御桥和江桥两座千吨级生活垃圾焚烧发电厂相继建成投运，到"十二五"期间新建成 5 座焚烧厂，焚烧总能力达 8300 吨/日；到"十三五"期间新建和改扩建成 5 座焚烧厂，焚烧总能力达 21300 吨/日；再到"十四五"以来新建成投运的宝山、浦东 2 座焚烧厂，全市焚烧总能力已达到 27300 吨/日。和这个数据相对应的是，2000—2006 年上海在关闭市区垃圾临时堆点的同时，还逐步关闭了乡镇一级的生活垃圾临时堆点。

截至 2006 年，在上海共取缔乡镇、村级生活垃圾临时堆点达 1252 处，有效改善了农村生活生产环境。上海也从单一卫生填埋为主，发展到卫生填埋与焚烧发电并存，再到干垃圾焚烧发电、湿垃圾生物处理、可回收物资源化利用等多元方式并存的垃圾处理方式新格局。

现在回过头来看，如果上海不是提前布局垃圾焚烧厂建设，很难推动后来的垃圾分类、源头减量。垃圾源头减量和垃圾末端处置，是同一系统中同为重要、互为影响的两个方面。当我们关注到垃圾末端处置成为一个不得不解决的紧迫问题时，一方面要直面并加快解决末端处置设施建设问题，另一方面要"变被动为主动"，同步甚至先一步采取措施进行源头减量。这既可以减少垃圾末端处理量，减少政府财政投入，同时还可以减少因转运和处理垃圾带来的环境风险，一举多得。

目前，上海生活垃圾产生量的"拐点"还没出现，且仍在上升，如果不进行源头减量，生活垃圾管理工作将看不到尽头。所以上海生活垃圾源头减量的任务还很重。

垃圾源头减量包括哪些环节？应当如何推进源头减量？

源头减量的内涵一直在与时俱进地演化。从概念来看，源头减量和循环经济密切相关，循环经济强调"3R"原则，即"减量化（Reduce）、再利用（Reuse）、再循环（Recycle）"。"减量化"指用较少的原料和能源投入，来达到既定的生产或消费目的，也就是从经济活动的源头注意节约资源和减少污染；"再利用"指将废物直接作为产品，或者废物被修复、翻新、再制造后继续作为产品使用，强调使用非一次性的材料或制品；"再循环"指将废物直接作为原料进行利用或者对废物进行再生利用。

后来欧盟国家将"3R"原则改为"4R"原则，增加"回收再用（Recovery）"，其概念包括材料回收、能量回收等。比如，垃圾焚烧产生的热能可以用来发电、供暖等。另外，"源头减量"也常与制造业联系在一起，强调减少原材料和资源的消耗。

我国一直在引入、优化这些环保概念和管理理念，并与我国实践结合进行探索。在2009年施行的《循环经济促进法》和2020年修订实施的《固体废物污染环境防治法》（简称《固废法》）等法律中，都对源头减量的内涵、定义作过说明。从《固废法》的几次修订看，过去我们很重视废物处置"无害化"，现在我们坚持"减量化、资源化、无害化"的三大原则。《"十四五"循环经济发展规划》中也强调了以"减量化、再利用、资源化"为原则。

源头减量在生活垃圾领域，就是要从垃圾生产、生活、消费、流通各环节尽可能减少资源消耗，减少废物产生。同时，我认为源头减量还应与循环经济的框架结合，这与我国高质量发展、绿色发展、碳达峰碳中和目标契合。

对市民来说，生活垃圾要从小区、楼宇范围实现源头减量，也就是在垃圾没有进入转运环节之前进行减量，降低后端的运输、处置成本，减少环境污染。

现在垃圾源头减量难在哪？

一个是不够平衡。以上海为例，16个区之间不平衡，城乡之间也不平衡，有的区做得很好，有的区仍有提升空间，各区的做法不尽相同。还有的区以前做得很好，成为垃圾分类示范区，后来由于各种原因，源头分类、源头减量的问题有所反弹。

另外，垃圾分类各环节之间也存在不平衡。比如，市民源头分类做好了，偶尔发现转运环节存在混装混运现象，会反过来影响源头分类和减量的积极性。其实从发达国家和地区的实践情况看，也很难杜绝混装混运。

此外，新经济、新业态的出现，也对源头减量带来挑战。现在电商发展很快，我们可以看到快递、外卖行业覆盖面很广，一次性包装物、咖啡渣、塑料袋等垃圾随着新兴业态的消费分布在城市的各个角落。垃圾组分和增长的方式不断地变化，导致源头减量、源头管理的难度也逐渐增大。

这些年上海各区推进垃圾分类、源头减量的做法不尽相同，有哪些做法让你印象深刻？

首先，行政推动力很重要，这在很多事情上是相通的。上海将垃圾分类纳入法治化轨道以后，效果立竿见影，当政府部门下功夫推动这项工作时，成效很明显。所以我们有必要继续发挥政府的引导、示范作用。

上海做得好的案例很多。以小区来说，我曾经去过虹口区宇泰景苑小区，他们除了坚持源头分类，也开展了湿垃圾就地资源化利用。居民在小区的一块绿地上建了"堆肥花园"和"一米菜园"，自发设置了堆肥桶和酵素桶，把部分湿垃圾转化为小区的绿地有机肥。这就是一种从源头上减少垃圾量的做法。

相比城市地区，农村地区实施垃圾源头减量有何不同？

从生活垃圾减量的角度来讲，农村的回收利用一直是比较难的，因为地域广阔、居住分散，而且农村的老人、小孩多，城中村的流动人口多，垃圾分类的宣教工作更难做，这些特点都增加了源头减量的困难。

现在上海农村也在探索适合自己的路径。我在崇明区庙镇调研时看到，他们的可回收物处理引入了第三方企业，因为村民居住分散，但往往一大早到镇上采购果蔬、生活用品，企业便根据村民的生活习惯，在镇上固定的位置，每天清晨六七点开展废弃物回收。虽然变卖废弃物的价格不高，但村民采购果蔬时正好能补贴一部分，因此积极性也很高，逐渐养成了赶集时带上家里的易拉罐、塑料瓶、纸板等可回收物。这其实很有意义。

这几年上海街面的垃圾桶少了，有人叫好，也有人抱怨，甚至有时造成了乱扔垃圾的现象。您怎样看待街面撤桶的做法，对此有何建议？

街面垃圾桶减少以后，不断看到媒体上一些相关报道，有市民、游客对此提出不同意见，其中一些问题很真实，我也深有同感。因为我也遇到过，在地铁站或一些街道没地方扔手里的垃圾，只好带回家处理。

我认为街面撤桶、垃圾不落地是一个循序渐进的过程，我们去发达国家和地区调研，他们的街面撤桶花了十几年时间，才逐渐形成全社会的共识。这项工作因为涉及流动人群的出行轨迹、活动场所、不同区域的人员密度等因素，很难在短期内一下子做好，都需要作些详细调研，再按照不同的功能区域逐步优化、减少垃圾桶的分布设置，一刀切不可取。但我也要说，街面撤桶的出发点是好的，目的是减少垃圾的产生。

对于推进生活垃圾源头减量，还有哪些建议？

第一，源头减量还未进入常态化阶段，要想方设法建立一套适合自身的长效机制。通过宣传和实践，从职能部门到市民百姓所有人都要清楚垃圾分类是一件长期的事情，不是一场运动，而是一代又一代人始终如一的坚持。

第二，进一步完善可回收物回收利用体系。目前部分区可回收物点站场设施落地困难，能否创新机制通过"生态补偿"的方式"异区"落实选择难题，同时在政府详规中作为必要的设施用地加以固化落实？针对"小散污"企业，鼓励其规范化、集约化建设和运营；进一步培育龙头企业，强化上海托底保障设施等。这些都需要市绿化和市容管理局、商务委员会、经济和信息化委员会、发展和改革委员会等多部门加强协作，加强监督管理，加快出台好的政策机制。

第三，不宜盲目追求循环利用，而不注重经济价值。我觉得对垃圾资源化要理性认识，应当符合循环经济的原则。生活垃圾首先它是废物属性，其次才是资源属性。只强调资源属性不讲资源化成本，只强调可循环不注重经济性，这样的发展模式不是循环经济，也不可持续。比如说湿垃圾厌氧处理产生的固渣深度资源化，目前量大但还田出路没有完全打通。是进一步加大对固渣深度资源化产品的深化研究使之符合还田要求，还是结合现有的末端处理方式和处理能力，在源头分类环节或者固渣协同处理环节找到更具性价比的、环保达标的资源化路径？这些需要沉下心来，实事求是地作出分析研判和决策。

第四，探索生活垃圾梯次收费、计量收费的可行性。一些发达国家和地区成功推行源头减量的案例表明，生活垃圾源头减量长效机制光有宣传引导、政府倡导等还不够，还得通过经济杠杆的"强约束"，即收费机制来强行推进。目前上海生活垃圾管理的成本是高的，投入也是大的，如何通过切实可行的机制倒逼垃圾减量、精细化管理，从而降低生活垃圾管理的社会成本，这需要相关部门作深入研究。当然，这需要一个过程。

上海市自 1999 年开始系统性探索垃圾分类工作，出台《上海市区生活垃圾分类收集、处置实施方案》，到 2011 年，推行"百万家庭低碳行，垃圾分类我先行"实事项目，再至 2019 年全市范围内正式施行《条例》。现在，垃圾分类已从一件"生活小事"转变为"城市风尚"。

在上海实践中，垃圾分类如何从政策文件，转变成行动方案，并落实到上万个社区，一步步转变成 2400 多万上海市民的日常行为？本章将通过介绍具体案例来呈现垃圾分类实施的复杂过程，深入解读生活垃圾管理的相关策略。

本章将深入探讨以下一系列问题：在垃圾分类体系的前端，谁是生活垃圾分类投放管理责任人？市区街镇如何合力落实垃圾分类？定时定点分类投放制度是如何具体实施的？生活垃圾分类专项补贴实施方案如何落实到社区？如何推广低附加值可回收物循环利用理念？而在垃圾分类体系的中后端，政府如何建立"两网融合"体系？企业的科技如何助力垃圾分类的精细化管理？政府不同部门和企业之间如何协同推进？在政府管理中，又该如何进行监督执法及市场监管？如何鼓励示范区和示范街镇的创建？等等。

复旦大学环境科学与工程系外籍教授玛丽·哈德（Marie Harder）研究垃圾分类十余年，她认为，上海垃圾分类的每一步走得都很扎实，有很多值得世界其他城市学习的地方。

首先，垃圾分类是一项大规模的、长期的工作。上海注重循序渐进，在准备好充足资金对基础设施完成改造后，再让民众直接参与垃圾分类工作。其次，垃圾分类的解决方案需要管理者和一线工作者的共同努力，需要所有人在其中展现积极性、主动性、创造性，而上海允许各个主体积极作为。居委会和街道办事处层面相关的工作人员和部门可以提出自己的想法，环保公益组织也可以在早期就参与试点项目中。最后，环保公益组织对垃圾分类工作很重要，它们是政府理念和民众行为之间一个很好的窗口。

通过本章的生动案例表明，垃圾分类离不开各部门的协同、每一位上海市民的参与，需要全市上下的不断努力。

Starting in 1999, Shanghai began systematically exploring garbage sorting work with its *Implementation Plan for the Collection and Disposal of Domestic Waste in Shanghai*. By 2011, it had implemented practical projects on low-carbon travel and waste sorting. Then, in 2019, the entire city implemented new regulations on waste sorting. Today, garbage sorting has become a citywide fad.

How did garbage sorting transform from policy documents to action plans to a real program implemented by tens of thousands of communities across the city, one capable of gradually shifting the daily behavior of more than 24 million Shanghai residents? This chapter will present the complex process of garbage sorting implementation through specific case studies, using them to interpret the relevant strategies involved.

This chapter will explore the following questions: Who are the responsible persons for sorting household waste on the front end? How did urban and township governments jointly implement garbage sorting? How does the system of dumping at fixed times and locations operate? How was the special subsidy program for household waste classification implemented in communities? How was the concept of recycling low-value materials promoted? And at the middle and back end of the garbage classification system, how did the government implement its "double net" system? How is technology empowering garbage sorting and fine management? How have different government agencies and enterprises collaborated to promote progress? How do regulatory supervision and law enforcement fit in? And how can demonstration areas and streets be encouraged to innovate?

Professor Marie Harder of Fudan University's School of Environmental Science and Engineering has studied garbage sorting for more than ten years. She believes that every step of Shanghai's garbage sorting campaign has been solid, and there are many aspects of its success that other cities around the world can learn from.

Garbage classification is a large-scale and long-term task. Shanghai attaches great importance to gradual progress. After sufficient funds were prepared and the necessary infrastructure was renovated, people were allowed to participate directly in garbage classification work. Garbage classification solutions likewise require cooperation between top managers and frontline workers. Everyone needs to display enthusiasm, initiative, and creativity, and Shanghai has therefore allowed various entities to take an active role in the campaign. Neighborhoods and street-level staff and departments can put forward their own ideas, and environmental nonprofit organizations have been able to participate in pilot projects from an early stage. Indeed, environmental nonprofit organizations have played an important role in garbage sorting work, serving as a bridge between government ideas and public actions.

Through the vivid case studies included in this chapter, readers can easily understand that garbage sorting cannot be separated from the participation of various departments and every citizen in Shanghai. The campaign's success is the product of continuous efforts on the part of the entire city.

党建引领，
用好"三驾马车"制胜之招
Party Building
and the "Three-Horse Carriage" Strategy

党建引领市民参与治理，虹口嘉兴路街道不负嘱托

华磊 / 上海市虹口区嘉兴路街道瑞虹第一居民区党总支书记

2018 年 11 月 6 日上午，习近平总书记来到上海市虹口区市民驿站嘉兴路街道第一分站，同几位正在交流社区推广垃圾分类做法的年轻人亲切交谈。总书记强调，垃圾分类工作就是新时尚，垃圾综合处理需要全民参与，上海要把这项工作抓紧抓实办好。

五年过去，上海市虹口区嘉兴路街道垃圾分类志愿者代表给习近平总书记写信，汇报所在街道垃圾分类工作取得的成效。2023 年 5 月 21 日，总书记给志愿者回信，对推进垃圾分类工作提出殷切期望。

作为社区书记，华磊在得知总书记回信内容后备受鼓舞。他说，垃圾分类从新时尚变成好习惯，需要所有人共同努力。

收到习近平总书记的回信，有什么感想？

特别激动和鼓舞，没想到这么快收到回信。五年前习近平总书记的嘱托是我们前进的动力，昨天像一个新的起点，总书记的回信激励我们持续前进。

五年时间里，我们街道按照全覆盖目标落实完成 82 个小区 113 处点位的定时定点及示范点位智能化改造，与可回收物项目团队合作健全居民区"两网融合"全覆盖收运体系，辐射居民 3.4 万余户。居民基本养成了垃圾分类的好习惯。

垃圾分类工作靠大家一起努力，不仅靠街道、居委会和志愿者，也靠居民配合，把垃圾分类从新时尚变成好习惯。居民从一开始的不会分，到会分、主动去分，这是所有人共同努力的结果。

在垃圾分类推进过程中，街道如何发挥党建引领作用，建立志愿者团队，动员社区居民共同参与垃圾分类？

在街道推进垃圾分类过程中，各个小区在党建引领下，推进"一小区一方案"，根据实际情况，因地制宜、有序推进垃圾分类。

比如说，我们社区有针对性地实施"三步法"推进垃圾分类。第一步，以社区党员为基点，成立垃圾分类志愿者团队。志愿者们挨家挨户上门向居民发放《给居民的一封信》、冰箱贴等宣传品，通过同为住户的情感优势，确保每位居民都了解垃圾分类知识。同时还设计了一个《垃圾分类意见收集表》，征集居民对是否撤桶、小区垃圾分类点位、投放时间的意见。

第二步，党总支汇总居民意见建议，和物业公司及业委会沟通。我们先根据居民意见建议加桶，居民也自发成立巡逻队，通过大堂的笑脸哭脸榜查看每层楼的垃圾投放情况。但在实施过程中，我们发现楼层桶会加剧楼层蚊蝇等滋生，且无法做到定时定点精准投放。再次征集楼组长等居民意见后，撤除了楼层桶。撤桶后为方便居民垃圾投放，我们在

上海市虹口区嘉兴路街道志愿者给孩子们讲解垃圾分类知识
上海市虹口区嘉兴路街道瑞虹第一居民区党总支供图

小区三个主要出入口都设立垃圾分类投放点位，增设洗手池和遮雨棚，并在原定早晚的投放时间外，增设了中午的投放时间，再到现在周末 24 小时可投放，最大程度方便社区居民。

第三步，不断营造良好垃圾分类氛围，开展分众化、有针对性的宣传。志愿者们通过现场游戏、手工制作、情景互动等方式让居民们了解垃圾分类的知识，增强参与垃圾分类的意识。同时在投放初期，志愿者们风雨无阻值守在垃圾分类点位旁，帮助居民正确投放，让垃圾分类、生态文明的种子在居民心中扎根、破土、发芽、盛放，和大家一起把新时尚变成好习惯。

参与基层治理的志愿者在垃圾分类过程中起到了哪些作用？

我们街道登记在册的垃圾分类志愿者有 2150 名。

把垃圾分类变成一个生活习惯，这是一个循序渐进的过程，初期许多人并没有分类意识，尤其在老年人较多的老旧小区。老年人比较节俭，垃圾分类至少需要 2 个垃圾袋，很多老人觉得没产生多少垃圾，就用一个袋子混装。这时，志愿者会进行反复引导，让老年人从一开始不理解到后来慢慢接受。

在爱家豪庭小区还设有发酵堆肥的设备，只要放 4 周就能产生肥料。志愿者统计发现，他们每天将 60 升的湿垃圾收集起来进行发酵堆肥，每天能收集 20 升的生态肥，没什么气味，肥力也足，所以小区的绿植长得也很好。垃圾分类后，小区的垃圾量降了近三成，这非常有利于低碳生活的推广。

志愿者的工作就像一颗颗种子，进社区、进企业、进学校去宣传推广垃圾分类的知识，然后让垃圾分类在各地生根发芽。

在这几年的垃圾分类实践中，有哪些经验？

我认为在践行垃圾分类过程中，首先要加强党建引领，整合区域化资源。以党员为基点形成辐射，凝聚党员群众力量，发挥志愿者在基层治理中的独特作用，形成合力推动垃圾分类。

其次要以群众需求为导向。在垃圾分类实施初期，多了解群众所思所想，及时回应疑虑，用心用情做好宣传引导工作。注重疏堵结合，优化点位投放时间。按照"一小区一方案"原则，因地制宜适当延长周末和节假日投放时间段，解决居民周末及节假日"投放难"的问题。

最后要久久为功，把垃圾分类作为一项系统工程，进一步抓落实、抓创新，提升分类质量，广泛发动居民参与低碳生活，把垃圾分类转变为倡导低碳生活的新实践，努力营造和谐社区新生态，推动形成社会文明新风尚。

党总支引领虹口虹祺花苑"三驾马车"，确保长效管理

王国安 / 上海市虹口区广中路街道虹祺花苑业委会主任

"三驾马车"指的是按照现行社会治理体系，参与对城市居民社区管理的社区居委会、物业服务企业和业委会这三个有不同法律地位的机构。由于各自作用和诉求不同，三者之间可能出现冲突和纷争。但如果他们在党建引领下，取得一致目标，积极投入垃圾分类管理工作，则可以更有效地促使环境彻底改观。

例如虹口区虹祺花苑是一个有 24 年房龄的老商品小区。小区内高楼林立，公共绿化占地面积大，缺少垃圾投放点改造条件。原设的三个垃圾投放点 24 小时全天候开放，但由于居民较多，垃圾日产量大，混投乱堆的问题较为严重。

2019 年《条例》正式实施前夕，在社区党总支引领下，虹祺花苑所属的横滨居委会、业委会和物业管理处"三合一"，带动居民主动、积极地配合垃圾分类，并确保了之后的长效管理。

上海市虹口区虹祺花苑居民积极参与住宅区家庭垃圾有害废弃物健康管理项目
上海市虹口区虹祺花苑业委会供图

在垃圾分类最早的推进过程中，"三驾马车"是如何配合的？

　　　　早期我们由群众骨干和党员积极带头，业主居民们同心协力，推动垃圾分类。2019年6月底，经过十天的分解辅导员协助、志愿者指导、广中城管中队巡查督促，小区居民开始转变投放习惯，逐渐掌握分类方法，迅速养成源头分类的好习惯。

　　　　2019年7月1日垃圾分类全面实施之际，虹祺花苑迅速组织街道分解辅导员撤退，由小区物业管理处全面接手垃圾分类投放的具体管理工作。物业管理处接手垃圾分类管理后，主要采取如下措施：1. 指定专人负责垃圾桶管理，定时置放及移走；2. 统计每天湿垃圾的数量，同街道环卫对接；3. 将垃圾桶移走后，清洁地面；4. 垃圾全部集中后，对个别分类不当的进行整理，确保垃圾分类有序持续正常进行。

虹祺花苑将垃圾分类纳入物业管理处日常管理运作考核，落实物业管理处"垃圾分类工作第一责任人"的职责担当。

多年来，在街道的关心和指导下，小区管理体系日益完善，多次获得上海物业管理优秀示范小区的荣誉，也赢得了绝大多数居民的支持。垃圾分类的 3 个定时定点投放点，每天上午 7:00-9:00，下午 6:00-8:00，供居民分类投放垃圾。为了方便居民投放，还另外设立了一个"误时投放点"。每到投放时间，居民就会自觉把分好类的垃圾分别投入相对应的垃圾桶。即使有些居民错过了投放时间，在定时定点垃圾桶撤除的情况下，也会特意去小区的"误时投放点"分类投放。随地乱扔垃圾的现象几乎没有，居民自觉分类投放率在 99% 以上。

在垃圾分类管理常态化过程中，"三驾马车"如何逐步确立长效机制？

第一步，在党建引领下，"三驾马车"一起发力，因地制宜、考虑周到。街道分解辅导员和小区志愿者积极配合，绝大多数居民很快就掌握和适应了垃圾分类节奏，并按规定投放。

第二步，把垃圾分类纳入物业管理的日常运作，物业管理处工作得力，使垃圾分类在小区的开展有基础、有条件、有底气。

第三步，积极参加培训活动，学习最先进的垃圾分类管理知识。2018 年 11 月，上海市绿化和市容管理局、上海市环境保护局等部门联合发文提出有害垃圾细分类的要求，虹祺花苑于 2019 年 8 月参加了中国人民大学下属北京和谐社区发展中心负责的联合国教科文组织"住宅区家庭有害垃圾健康管理"项目，并在小区内设置了三个有害垃圾细分类的专用垃圾箱。通过多次宣传和实践活动，让居民了解有害垃圾细分类意义，倡导居民根据专用垃圾箱分类提示，从源头做到有害垃圾细分类。

2020 年上海第一个有害垃圾分拣中心（虎林分拣中心）正式建成后，当年 12 月，社区党总支书记、虹祺物业经理和业委会主任等，共同参加了上海虎林分拣中心首次开放和讨论会，对有害垃圾的危害以及细分类投放的必要性有了更深刻的认识。小区垃圾分类和有害垃圾细分类，互相交叉宣传和实践，进一步提高了居民对垃圾分类的重视。

当垃圾分类变成居民的日常生活习惯后，"三驾马车"如何巩固垃圾分类管理的长效机制？

首先，需要坚持严格管理。虹祺花苑小区有 3000 左右居民，只要其中百分之一的人不遵守规则，就会造成垃圾分类难推进，所以虹祺花苑一直坚持垃圾分类严格化管理。在各投放点安装了监控探头，一旦发现乱投乱扔者，立即追踪到人，实时劝导。为保实效，物业管理处经常入户宣传督导。

其次，既要广泛发动，又要具体落实。"党建引领，发动居民，多方共管，责任到位"，在垃圾分类过程中，"三驾马车"形成合力，将垃圾分类纳入物业管理的日常运作，巩固了垃圾分类常态长效推进机制。

再次，居民配合是垃圾分类能得以长期有效推进的根本原因。定时投放点垃圾桶过时撤走，地面干干净净，再也没有成群的苍蝇，闻不到散发的臭味，让居民看到垃圾分类带来的居住环境改变，使居民们真正感受到垃圾分类于国于民的好处，促使居民更加自觉地参与到分类工作中。

最后的经验是，各小区环境差异大，要搞好垃圾分类，一定要因地制宜，采取共性化和个性化结合的原则，有针对性地采取措施，才能事半功倍。

以社区党组织为核心，
普陀桃浦镇"四位一体"共抓垃圾分类

翟世国 / 上海市普陀区桃浦镇规建办公室
王兴存 / 上海市普陀区绿化和市容管理局环卫管理科

所谓"四位一体"，是以社区党组织为核心，社区居委会、业委会和物业公司各司其职，充分发挥自身优势，共同商讨社区事务、共同开展社区服务、共同创建和谐社区的社区管理模式。

为全力推进"上海市垃圾分类示范街镇"的创建，普陀区桃浦镇遵循"全生命周期管理，全过程综合治理，全社会普遍参与"理念，推动垃圾分类减量化、资源化、无害化处置。同时，桃浦还以"党建引导、部门指导、物业主导、居村督导、第三方辅导"的"五导"工作法作为切入点，建设了人机协同的垃圾分类回收模式。

桃浦镇面积大，居住人口多，如何构建有效的垃圾分类治理机制？

普陀区桃浦镇地处上海市中心城区西北部，现有 75 个居住区、5 个行政村和 3 个园区，共计 48 个居（村）委会，镇域内老式公房多、老旧小区密集。

桃浦镇构建了两级工作机制。镇政府层面，成立了由镇党委、镇政府主要领导任双组长，镇领导班子、机关各科室部门共同参与的镇新时尚工作领导小组和联席会议制度，机关干部、联络员对口下沉至居（村）、

上海市普陀区桃浦镇利用智能化手段，多方协同促进社区垃圾分类
上海市普陀区绿化和市容管理局供图

园区楼宇，实施挂图作战，指导帮助基层推进垃圾分类工作。

居村层面，充分发挥党建引领下的居村"1+3+X"治理机制作用。其中"1"指居民区党组织，"3"指居委会、业委会、物业公司，"X"指社会组织和相关职能部门，三者构筑起"镇政府—居（村）—园区楼宇"三级联动机制，牢固树立"一盘棋思想"，形成强大推进合力，使各项环节得到有效保障。

在落实垃圾分类的治理工作中，有哪些具体的管理措施？

一方面，桃浦镇组织绿容、房管、工商、城管、网格、第三方服务队、市民巡访团等部门和单位，打造多支专业检查团队，按照"日、周、月"三个周期进行暗访考核，建立分类达标日常巡查机制；另一方面，指导各基层单位实行"八个一"工作法，即制定"一张作战图"和"一张任务表"，明确"一长"——垃圾箱房长，和"一条巡查路线"，确保"一天多查"，建立"一个门岗值守、一支志愿者队伍和一套全镇信息通报"反馈机制。

在此基础上，依托"物业一体化考核"，建立"红黑榜制度"。"红榜"单位全额发放物业补贴，"黑榜"单位物业补贴降档处理，"一票否决"单位由城管部门上门查处并扣除当月全额补贴。同时，建立联合推进工作小组下沉进驻基层一线，"面对面、手把手、点对点"，将业务指导"一竿子插到底"，从根本上保证了有效整改。

在落实垃圾分类的治理工作中，"四位一体"如何发挥作用？

桃浦镇充分发挥社区党组织战斗堡垒作用和党员先锋模范作用，全面调动"三驾马车"的作用，上下拧成一股绳，确保工作做实做到位，发挥联合联动优势。

例如，我镇新杨村率先响应全市生活垃圾分类号召，新杨和苑小区作为全市第一个定时定点试点居民区，向市、区各级全面展示垃圾分类就是新时尚。此外，依托城运中心平台建设，我镇完成75个居民区的263个垃圾箱房（点位）智能化监控设备升级改造，建立起较完善的"大

数据 + 网格化 + 铁脚板"人机协同机制。

物业公司是社区生活垃圾分类的主体单位。桃浦镇通过调研攻坚拔点"小包垃圾",发现全镇八成以上老旧小区一线保洁员收入偏低(每月仅1000—1500元),日常工作时间偏少(每日不足6小时)。为增加收入,收集可回收物进行变卖成为一线保洁员的工作重心,从而忽视了箱房点位的管理。

为破解此难题,我镇在荣和怡景园、金祁二期、华公馆等居民区试点引入第三方企业,通过外包保洁服务,变相提高一线保洁员工资(每月2500—3000元,提供住宿)。同时,规范可回收物回收体系,由外包企业统一回收,调动一线保洁员的工作积极性,有效落实点位专人专管,使居民区的分类实效得到明显改善。

桃浦镇注重科技赋能助力垃圾分类工作,例如与区蓝鲸科技公司合作,打造蓝鲸港、蓝鲸湾和蓝宝自动投放系统,对可回收物进行统一回收,居民通过交投可回收物获得积分兑换生活用品。

在"四位一体"中,居民扮演了什么角色?

通过多方有力推动,桃浦镇于2019年创建"上海市生活垃圾分类达标街镇";2020年大步迈进,重点整治短板,立足创新,固守常态,成功创建"上海市生活垃圾分类示范街镇";2021年上半年度在全市分类实效考核排名位列第69位,成功进入全市街镇前100名。在上海市垃圾分类典型选树活动中评选出3个"百佳家庭"、6名"模范市民"。

"四位一体"工作能取得以上成效,与居民的广泛参与密不可分,全民参与是推进"新时尚"的根本力量。生活垃圾分类不单单是今年或是明年的重点工作,而是一项需要长期坚持的系统性工程。对于易反复、难治理的问题,需要制定有针对性的管理制度,以制度推动落实,强化长效监管,坚决抓好清理整顿,更重要的是广泛发动居民共同参与。各基层单位、社区应当结合自身点位的实际情况因地制宜,制定有针对性的管理制度和可行性方案并予以落实,杜绝问题返潮,巩固创建成果。

党组织建设"五督三查"，
金山吕巷镇形成多级监管机制

蒋雷婷 / 上海市金山区吕巷镇城市建设管理事务中心

吕巷镇位于金山区中西部，东与上海湾区高新区接壤，是上海郊区的农业大镇。在推进生活垃圾分类过程中，吕巷镇面临村民年龄大、文化层次低、分类意识差、生活习惯固化等现实问题。

垃圾分类需要村民委员会、志愿者、村居民等密切配合和主动参与，形成治理合力，减少责任推诿。以吕巷镇夹漏村为代表，村党总支、村民委员会抓住了"熟人社会"的特点，因地制宜，探索建立了党建引领的"五督三查"工作法和"三色预警机制"。这种工作方法细化了责任分工，加强了多方协作和监管力度，突出追责问责，倒逼工作落实。

上海市金山区吕巷镇积极开展"巷邻坊"垃圾分类宣传
上海市金山区吕巷镇城市建设管理事务中心供图

"五督三查"指的是什么？它如何细化了不同部门之间的责任分工？

　　"五督三查"是加强监管力度的方式，指"五级"联动监督体系和"明查""暗查""抽查"三项机制。

　　一级监督员为保洁员，负责收集清运垃圾的同时，监督村民的"四分类"质量，由镇管理部门对村域保洁员进行统一培训。

　　二级监督员为村民，在自身做好源头分类的同时还要监督垃圾收集员是否按要求分类收集、保洁员是否分类驳运、各级监督员是否起到指导监督作用。

　　三级监督员为卫生监督志愿者，跟随垃圾收集员入户，调查村民对垃圾分类的知晓度，督导村民正确分类投放。

　　四级监督员是一支以村民代表为组长，妇女信息员为常务副组长，村民理事会成员为组员的监督队伍，成员每人联系 10 户左右村民，对联系户实行"包干制"宣传指导。

　　五级监督员为村务监督委员会成员，对一至四级监督员的职责完成情况以及 4 个标准化"四分类"垃圾房作业情况进行全方位监督。

　　之后以五级监督员为依托，建立"明查""暗查""抽查"三项机制，周期性发放相应任务清单，强化检查实效，充分发挥主导作用。这样可以形成立体监管体系，刚柔并济，激励各类责任主体自觉提升责任意识。

如此多层的监督平台，如何通过党建引领，加强它们之间的协作，让监管产生实效？

　　首先是村党总支负总责，主抓推进工作，定时开展垃圾分类评估分析会，探索工作方法。而后是村民委员会与保洁单位主抓落实工作，村民委员会负责设施配置、宣传培训落实到位，推进过程中，各单位工作上遇到任何问题、冒出任何好点子，都应积极向村民委员会反映，做到及时沟通、相互协作。最后是保洁单位负责垃圾房及周边干净整洁，落实分类驳运，确保各类垃圾纯净度在 99% 以上。

　　由村党总支、村民委员会、保洁单位组成"三驾马车"推动垃圾分类工作有序开展，细化分工明确责任，这样才减少了推诿扯皮的情况发生。

　　在村级组织之上，由镇分管领导牵头，组建了一支镇生活垃圾分类减量推进工作联席会议办公室（简称分减联办）成员和综合行政执法队相互配合的检查小组，对标对表对各村、第三方保洁公司垃圾分类情况进行检查打分，每月不少于两次，测评成绩在一定范围内及时公开。

垃圾分类检查评分成功调动了各村的积极性，形成了争优争先的良性竞争氛围。另外，突发公共卫生事件中，该检查小组还肩负持续严格落实垃圾消毒消杀的监督工作。

"三色预警机制"指的是什么？它如何突出追责问责，倒逼工作落实？

"三色预警机制"指的是以客观公正、提前研判、分级预警、推动落实为原则，建立健全日常考核机制，根据考核情况对各村和保洁单位生活垃圾分类作业质量实施"蓝、黄、红"三色动态预警，强化工作监管，促进常态长效和精细化管理。

它以各次检查考核分值为依据，区分村和第三方保洁公司责任，分别对责任主体实施"蓝、黄、红"三色动态预警，确保问题早发现、早整改、早落实。

例如：按照"五有标准"分别对设施设备、宣传氛围、可回收物服务点、长效管理、居民正确参与度五个项目进行严格考核。投放容器破损、垃圾分类标识错误等发现一处扣 5 分；宣传内容不规范、错误等发现一项扣 3 分；大件垃圾、建筑垃圾暂存区混堆其他垃圾的 5 分起扣；干湿垃圾桶大量混投扣 3 分，少量混投扣 2 分，等等。

对考核分值刚达标，即总分 90 以上、不足 95 分的，实行蓝色预警。由镇分减联办向责任单位发送《蓝色预警通知书》，要求对存在的问题进行限期整改，并进行警示提醒。

对考核分值位列全镇后 3 位且低于 90 分或出现一票否决项的，实行黄色预警。由镇分减联办向责任单位发送《黄色预警督办单》并进行约谈，责成其明确整改措施，加大工作力度。

连续三次受到黄色预警的，实行红色预警。由镇分减联办向责任单位发送《红色预警诫勉函》并由镇分管领导对其主要负责人进行诫勉谈话，限期整改。

"三色预警机制"明确了垃圾分类中多元主体的不同责任，各司其职，形成生活垃圾分类日常监督管理体系。它强化了日常监督，确保责任落实到人，有效遏制了各方推诿扯皮影响垃圾分类实效的弊端，最终促进垃圾分类工作"整镇推进，整域提升"。

"五督三查"工作法实施以后，村民对垃圾分类更有主体责任意识了吗？

"五督三查"工作法实施以后，村民们普遍在短期内养成了分类投放垃圾的良好习惯。现在干湿分类，桶边督导员每天对垃圾投放点地面进行清洁并除臭，垃圾日产日清，垃圾桶日日清洗，一改以往点位周边蚊蝇乱飞、臭味熏天的景象，生活环境品质得到了很大提升。

同时，"三色预警机制"的建立也厘清了村和第三方保洁公司之间的责任关系，从之前村委与保洁互相"踢皮球"，影响整改时效，到现在以"三色预警机制"为有力抓手，切实改变了保洁员只负责垃圾房内部，对外部环境不管不顾的问题。现在村镇已经有能力加大追责问责力度，让"失责必问"成为常态，能够及时发现问题，找到责任主体，高效解决问题。

正是这些制度的加持，使得吕巷镇生活垃圾分类工作在三年的时间里大步推进。在2021年上海市生活垃圾分类综合考评中，吕巷镇成功跻身于全市前十名。

全城动员，
促进"自主分类"习惯养成
A Citywide Mobilization for Better Habits

松江建设垃圾分类科普体验馆，让宣教"活"起来

吴相万 / 上海市松江区绿化和市容管理局

松江区生活垃圾分类宣教中心是一座以垃圾分类为教育主题，倡导绿色生活为理念的科普体验馆。建筑面积约900平方米，分为"知识区"和"互动区"两大区域，设有科普教育厅、成果展示厅、低碳生活体验厅、游戏互动厅、影视报告厅五大展厅。

现在，生活垃圾分类宣教中心成为集知识性、趣味性、互动性和实用性于一体的参观培训活动场所，成为在全市具有代表性的生活垃圾科普教育基地。

如何才能让宣教"活"起来，不再是静态的展示？

科普教育需要"动起来"。为了让广大的市民、学生更加直观而有效的了解垃圾分类，我们利用"专题授课、现场教学、实地参观"等方式，

上海市松江区生活垃圾分类宣教中心云课堂
上海市松江区绿化和市容管理局供图

把宣教中心、天马垃圾焚烧厂、天马湿垃圾处理厂等宣传阵地串联成"垃圾分类探究之旅"活动路线，结合垃圾末端处置场所的参观，提高市民的参与互动，让更多的居民参与和了解垃圾去哪儿了。

如果无法去现场看展，有哪些线上宣教方式？

线上宣教采用"多样化"策略。有线下互动和参观体验为主的科普活动，也有线上科普活动，并开发出线上教学"课堂"，主要有以下三种模式。

第一种是线上主题活动。宣教中心发起"公益1小时——陪伴与成长"线上接力主题活动，引导小朋友观察生活，善于用身边的废旧材料制作手工作品，录制一段1—2分钟的小视频，通过"接力"的方式在线上发布。一方面，它让垃圾分类和低碳生活理念在日常生活中深入；另一方面，也让低龄儿童在亲子互动中增进交流，把宅家的幼儿园小朋友"团结"起来，在变废为宝的乐趣中收获成长。截至目前共计83位小朋友参与了这个活动，共提交86个有效宣传垃圾分类变废为宝的小视频。

第二种是制作宣教视频。通过制作垃圾分类宣传视频，向市民们宣传垃圾分类小知识。先后制作了"垃圾分类，从我做起""垃圾四分类，引领新时尚""认识四类垃圾""废弃泡沫箱如何处理？""湿垃圾变废为宝""蚕豆壳的妙用""旧木板、旧门框改造，变废为宝"等11个视频在"茸课堂"视频号中进行转发，收到了良好的效应。

第三种是开展线上教学。宣教中心采用直播云授课的形式宣传垃圾分类知识得到大家的认可，网络授课不仅新颖形式多样，不受人数与空间的限制。现在课程内容安排也比较贴近生活，以变"废"为宝为主题，利用日常生活中的废旧纸箱、饮料瓶、易拉罐、树叶、枯树枝、鸡蛋托等废弃物变废为宝，引导更多的人关注垃圾分类，学会用"垃圾"装点生活。

刻板印象里，政府部门的宣教容易照本宣科，不太吸引年轻人，如何让宣传"潮"起来？

一是特色沙龙"互学习"。宣教中心针对不同主题、面向不同对象，提供充分交流和互相学习的平台，分享垃圾分类减量工作中的好做法。特别是打破传统的会议形式，开展特色沙龙分享会，邀请相关工作的社会组织、单位以及个人，引导交流分享，促进发展创新，也能让更多的社会组织有发声的机会，以期能涌现出更多的优秀事例、创意点子、创新项目。

二是变废为宝"新创意"。与上海视觉艺术学院联合举办"美丽的家园——废品艺术作品巡回展"，以艺术表达的方式，倡导建立健全绿色低碳循环发展的理念，共同参与保护环境，建设美丽家园。

三是组织开展松江区在校学生开展生活垃圾绘画作品征集活动，进一步激发本区青少年的创造精神和实践探索能力，持续营造生活垃圾分类氛围。其中幼儿组 1136 幅、小学组 378 幅，涵盖了国画、油画、水粉画、版画、素描等多种形式。并且将入围作品制作成宣传海报，让学生更有参与感和获得感。

如何培养志愿者服务队，让宣教中心与市民的关系更紧密？

我们一方面统筹整合地区资源，充实优化垃圾分类志愿者队力量，另一方面合理设定服务功能，把垃圾分类的培训教育、巡回检查、公益宣传等内容与各街镇新时代文明实践分中心的功能定位有机融合，着力实现垃圾分类志愿服务精准常态。

现在各街镇组建区、街镇、居（村）三级志愿者队伍，建立了 17 个街镇垃圾分类志愿者服务基地。目前方松街道、永丰街道、佘山镇、泖港镇已成功创建"垃圾分类志愿者服务特色社区"，努力打造多个志愿服务品牌。

为了让居民从心底里支持垃圾分类，全区各地打造了一批具有地域特点的垃圾分类宣教品牌，通过增强居民的仪式感、责任感、紧迫感、获得感，逐步把"新时尚"转变为"新习惯"，让所有小区"经得起看、经得起闻、经得起问、经得起查"。

垃圾分类是一场影响发展理念和改变生活方式的深刻革命。我们不断以各种形式开展宣传，加大居民的知晓和参与率，让居民们不断巩固垃圾分类"是什么、为什么、怎么做"，积极营造公众参与垃圾分类的浓厚氛围，不断引导、规范广大群众分类投放垃圾的习惯。

本着"人民城市理念"，在国家倡导的"双碳"目标背景下，松江区生活垃圾分类宣教中心将在相关部门的大力支持和指导下，积极作好垃圾分类的宣传、教育和推广工作，力争成为该领域的引领和示范。

宝山大场镇"环保小先生"，带动家庭参与垃圾分类

郭春景 / 上海市宝山区大场镇城市运行管理中心

垃圾分类，作为"最难推广的简单工作"，宣传工作尤为关键。垃圾分类要从源头抓起，以家庭和个人为抓手，后续工作就容易得多。2020 年，宝山大场镇在原先以物业或公共服务单位为主的基础上，根据调研追踪发现的特点，让青少年、儿童以"环保小先生"身份、"小手牵大手"策略，带动家长、身边的人，极大地调动了社区的群众自我监督和参与的力量。

这使得垃圾分类以点连线、以线至片、以片达面，真正形成全民参与、齐抓共管，让垃圾分类常态化、长效化、规范化。

在试点工作中，你们发现社区里哪些群体适合成为分类投放的志愿者，并且可以长期参与？

我们在试点工作中发现，市民在思想上普遍认同垃圾分类的重要性和必要性，但是在具体操作过程中，接受度和积极性差异巨大。

从不同年龄段来看，退休的老年人相对做得最好，在"造福后代"

思想、正向激励、时间充裕、法律规定等多重因素影响下，很多老年人不仅自身能够做到正确分类投放，还积极参与社区志愿服务活动，协助居民区党组织、居委会做好宣传引导。

"上班族"由于工作忙没时间等原因，重视程度不够，参与度和积极性不高，社区工作者和志愿者需要投入更多的时间和精力进行反复宣传、加深印象。

少年、儿童等在校学生的参与度同样不理想。一方面，学校对垃圾分类的教育大多停留在"学"的阶段，缺乏实践锻炼；另一方面，出于各种原因，经常做家务劳动的学生不多。这两方面原因导致真正用行动去践行垃圾分类的学生不多。

如何保持老年人的热情、如何调动中青年的积极性、如何提高少年儿童的实践参与等问题成为推进生活垃圾分类必须跨过的坎，能否找到一根贯穿三类人群的"主线"成为重中之重。

在这三类志愿者中，你们如何调动中青年的积极性，提高少年儿童的参与呢？

通过深入研究分析，最终确定了"小手牵大手"的工作思路，紧紧抓牢少年儿童实践参与垃圾分类，从而影响他们的父母长辈甚至更多人。

针对垃圾分类推进过程中在校学生教育成效不明显、中青年人积极性不够等问题，大场镇传承陶行知先生教育理念，创新实施"环保小先生"制度，按照"政府搭台、学校主导、社区把关"的基本原则，引导学生们主动学习生活垃圾分类有关知识、掌握分类能力，当好"小先生"、教会全家人、带动一群人。

立足长远长期来看，"环保小先生"制度可以进一步夯实治理基础。以问题为导向，通过牢牢抓住"主线"，找准撬动工作的"支点"，让"孩子"带动"家庭"，有效打开了工作局面。而其富有趣味性、游戏性的模式，也让我们看到了社区治理更多的创造性和可能性。

以"小手牵大手"的理念影响成年人的垃圾分类投放行为，具体是怎样操作的？

学生在校领取"环保小先生签到卡"，在家正确做好生活垃圾分类，并按照"定时定点"的原则，在规定时间内到小区"签到处"分类投放，即可获得一枚印戳，每累计 7 个印戳即可到居委会领取"环保小先生经验卡"1 张。

"经验卡"由学生交给学校进行统计，累积一定数量即可获得本学期"环保小先生"称号以及可升级的专属徽章。同时，该制度与学生"评优评先"挂钩，作为衡量思想品德教育成效的重要依据之一。

在实践中发现，"环保小先生"制度具有趣味性强、接受度高、影响力大等特点，通过类似玩游戏的方式，有效激发了学生的积极性，从而逐步达到带动家庭、影响社区的目的。而制度化运作保障了学生获得荣誉的公平性，也为学校强化学生品德教育、社区推动垃圾分类提供了有力抓手。

上海市宝山区大场镇"环保小先生"成为垃圾分类志愿者
上海市宝山区大场镇城市运行管理中心供图

少年儿童的积极参与，对大场镇其他居民的垃圾投放习惯有哪些影响呢？

"环保小先生"制度的实施，对大场镇生活垃圾分类工作产生了"四两拨千斤"的显著推动作用。整个过程中，孩子要参与、父母更重视、老人很开心。

在他们的带动下，"上班族"也愈发重视垃圾分类这项造福后代的大事。"孩子抢着扔垃圾"迅速成为大场镇的社区特色，每天早晚都能看到学生或独自、或家长陪同到指定地点正确分类投放垃圾。2019 年开始推行的不到一周时间里，全镇近 70% 小区实现垃圾分类纯净度 85% 以上，并于当年 6 月底前基本全部达到"不分类、不收运"标准，个别问题当场整改。

在"环保小先生"的影响下，居民们慢慢改变了原有的习惯，下楼定时定点投放垃圾，使楼道日益整洁。身边生态环境的改变使得很多当时有异议的居民感受到了垃圾分类带来的好处，并带动身边人共同参与到垃圾分类中来。

"环保小先生"制度对社区治理还有哪些影响吗？

"环保小先生"制度让学生更有责任感，不少家长表示，孩子现在不仅会主动做一些家务活，和父母谈心的时间也变多了，时间观念也更强了，还积极参加社区志愿服务活动。

学生的坚持让社区更加和谐，对于广大社区志愿者而言，每天看着学生们的朝气和活力，让他们"感觉自己变年轻了"，还能用自己的实际行动教育下一代，意义深远。

在大场镇的各个小区里，都能看到背着书包排队扔垃圾的学生们，有的独自前来，有的会带着父母，他们用自己的实际行动为环保事业尽一份力。而对于那些参与度不高的居民，甚至不配合社区工作的少数人，面对童言稚语，也会感到"不好意思"，而心理上的认同会带来行动上的参与。

复旦外籍教授研究"垃圾"十余年，助力上海可持续发展

李怡洁 汪蒙琪 / 复旦大学

今年是玛丽·哈德（Marie Harder）举家从英国搬迁至上海的第 13 年。这 13 年，她除了是复旦大学环境科学与工程系教授外，还坚持在做一件事情：研究"垃圾"。

在长达十多年的跟踪研究中，她带领的团队将研究重点关注在上海的 2.5 万个居民小区，针对小区内的垃圾分类行为开展研究工作。

为感谢哈德教授对上海城市可持续发展作的贡献，她先后获得"白玉兰纪念奖""白玉兰荣誉奖"。

"我很高兴能为上海这座城市作出贡献，也感谢政府能够博采众议，认真倾听民众的声音。就个人而言，我实现了自己为全人类发展作贡献的初心，在上海深耕可持续发展研究，也令我与这座城市的精神产生了共鸣。"哈德说。

为什么决定来到复旦大学工作，而且一待就待了十几年？

当年决定来中国，最大的动力来源于复旦。

2011 年，学校向我抛来橄榄枝，不仅给了我很多课题支持，也给了我很大的科研自由，让我在复旦大学追寻自己感兴趣的研究方向。我从事的可持续行为研究是一种跨学科创新型研究，不属于传统研究领域，但复旦大学给了我充足的科研空间，让我能从源头创新，创造属于自己的全新研究方向，制定全新的研究指标，逐步完善可持续行为研究这一细分领域。

复旦大学对教师们期望很高，希望所有教师都能达到"卓越"水准，所以我一直不断思考如何能做得更好一些，我喜欢这种不断学习、不断进步的感觉。在学校的帮助下，我已经逐渐适应中国的生活，即使在异

国他乡，我仍能没有顾虑地全身心投入科研工作。

团队也是让我舍不得离开这里的理由之一。我的团队中有很多在海外深造过的年轻人，他们了解中国和世界的情况，也非常清楚因为环境和地域不同，调研对象的想法会有所不同。这些富有想法的研究生和博士生提供了很多新颖的研究思路，他们迸发的妙想给了我不竭的研究动力，让我越来越热爱自己的科研工作。

此外，我还很喜欢吃中国菜，尤其是红烧肉和烤鸭，而且我在复旦大学的食堂里就能吃到这两道菜，所以感到很幸运。

您是如何想到开展垃圾分类相关研究的呢？

我一直致力于"可持续行为"相关的研究，垃圾分类只是该领域下的一项课题。来到上海后，我发现这个城市其实具备了垃圾分类治理的潜力，于是我带领复旦大学可持续行为研究课题组开展了十多年的跟踪研究，覆盖 2.5 万个居民小区内的垃圾分类行为。

您是如何带学生进上海社区进行垃圾分类研究？能举一两个例子吗？

通过收集 1990 年以来有关垃圾分类实践研究中的实际数据，我们将影响垃圾分类的潜在因素划分为 16 个域，并构建了一个类型学框架来说明实地活动与科学变量（16 个域）之间的关系。

来到社区后，我们首先和社区一线工作者进行一场"头脑风暴"，确保双方对这 16 个域的理解一致，了解社区中有哪些场景与这 16 种潜在因素相关。

接着我们会回到社区收集数据，每个社区大约做 8 个人的访谈，每次实地探访需要半天时间。因为在这一步里我们只需要取得定性数据，所以只对大概 5—8 个社区先开展了实地调研。由此，我们掌握了能精确反映影响垃圾分类的具体因素。设计出相应的干预措施后，我们设置了控制组，在约 20 个社区里进行了实验。

在实际调查过程中，为掌握社区垃圾分类成效的一手数据，除了跟社区负责人、居民了解情况，我和学生们还需要走进垃圾房，戴好手套亲自将干垃圾桶和湿垃圾桶里面的垃圾都检查一遍，确认有多少垃圾分对了，多少垃圾分错了。针对不同细分研究问题，我们还对所有垃圾作了最细致的分类，大约分了16、17类。通过进一步数据统计分析，发现这种研究方式是有效的，于是又把实验推广到了整个城市。

您觉得上海的生活垃圾分类机制实施效果如何？

上海的垃圾分类工作进行得相当顺利。从目前的统计数据来看，无论在城市层面还是社区层面，上海的垃圾分类都做得很不错，治理成果远超全球很多城市，甚至可以说，在垃圾分类治理领域，上海是全球最佳范例。自从《条例》施行后，大家都在认真遵守、严格执行，随着时间推移，居民会逐渐将垃圾分类当作生活的一部分，成为习惯。那时，小区就不用设置定时定点扔垃圾的规定了。

您如何评价上海的生活垃圾分类处理体系建设？

垃圾分类处理涉及的所有环节，上海都考虑得很周全。从社区到垃圾处理的最后一站，上海已搭建好全流程的生活垃圾科学分类处理体系，整个处理体系所需的软硬件都已落地。

同时，经过严格分类处理的厨余垃圾还能用于能源生产。上海每天至少会收集到约9600吨厨余垃圾，其中约有6000吨可被用来制造沼气。这座大都市的垃圾量在不断增长，而且上海完整的垃圾科学分类处理系统能保证食物垃圾不被污染，这对制造沼气是件好事。我建议政府可以每年向社会报告垃圾分类成效，让全上海的居民明白个体对城市的垃圾分类也能作出重要贡献。

您认为上海的垃圾分类实践，有哪些经验做法可复制推广？

上海有很多值得世界其他城市学习的地方。

第一，垃圾分类是一项大规模的、长期的工作。很多城市会选择在早期就让民众直接参与垃圾分类，导致各种意想不到的困难，使得民众积极性降低。而上海的每一步走得都很扎实，在准备好充足资金，对基础设施改造完成后，再让民众直接参与垃圾分类工作。

第二，上海开展了很多战略性试点，让当地社区、街道、住房、交通等相关单位的人员参与进来，并为试点项目提供充足资金。这些项目扎根社区，持续开展数年，相关人员在完成工作指标之外，还需要收集与垃圾分类进展的各类信息，以便作进一步研判。

第三，上海允许各个主体发挥创造性。例如，在上海，社区居委会和街道层面相关的工作人员和部门有一定自主性，可以提出自己的想法。环保公益组织在早期就可以参与到试点项目中。这种"灵活度"相当重要，因为垃圾分类的解决方案需要管理者和一线工作者的共同努力，需要所有人在其中展现积极性、主动性、创造性。

第四，环保公益组织对垃圾分类工作很重要。它们是政府理念和民众行为之间一个很好的窗口。在垃圾分类工作开展的过程中，上海市政府逐渐与环保公益组织结成更紧密的合作关系，而不像在很多国家，政府与环保公益组织的合作是"一次性"的。

第五，我个人认为上海的一个巨大创新点就是允许像我这样的研究人员提出具体建议、参与试点项目。许多城市将垃圾分类工作重心放在公共管理，却忽视了这项工作的科学因素，所以这些城市得出的治理结论可能过于简单，推行的政策也并不适用于实际。而在上海，通过实地调查和模型建立，研究人员采用了科学的方法来确定哪些因素对上海的垃圾分类至关重要。

您如何评价可持续发展对当今世界的重要性？

随着全球人口不断增加，如果沿目前的发展轨迹，不寻求改变，人类终将遭受灭顶之灾。各国应该携手合作，与自然环境和谐相处，让生态发展与社会和经济发展保持平衡。

在中国生活的十余年中，我见证了中国社会的快速发展，也发现中国传统文化所提倡的中庸、平衡本身，以及当今中国所坚持的生态文明建设，符合可持续发展理念。我很高兴自己的研究能为中国的可持续发展事业出一份力。

便民惠民，
实现投放环境"美佳净"
Better Disposal Sites for
the Benefit of the People

普陀金玉苑，简单技术规范繁琐的垃圾分类

郭晨龙 / 上海市普陀区长征镇规划建设办公室
丁杰 / 上海市普陀区环境卫生管理服务中心

"垃圾扔前分一分，绿色生活 100 分！"每当有人踏入普陀区长征镇金玉苑小区垃圾箱房的监测区域，"小喇叭"就会响起这句语音提示。

普陀区长征镇的金玉苑小区建设于 20 世纪末，在垃圾分类前曾经出现居民随地乱扔垃圾的现象。现在在垃圾分类点安装红外线传感设备，目的是规范居民的投放行为。与红外线传感播报器同时工作的还有监控摄像头，影像数据实时传输至小区安保部门。

目前，小区居民已基本养成垃圾分类的习惯，大多数人都能做到按时投放、文明投放、精确分类。

上海市普陀区长征镇金玉苑小区垃圾箱房的监测区域
上海市普陀区长征镇供图

金玉苑社区的一条通道两旁分属 999 弄与 947 弄，据说垃圾箱房选址时的扯皮现象是通过新颖的设计解决的？

金玉苑垃圾箱房从选址到建设完成，可谓一波三折。以前这边只有几个垃圾桶，地上都是泥巴路，一到下雨天，就臭气熏天。在建设之初，因考虑到气味问题，选址一直遭到底楼居民的不满，导致项目计划受阻。还有居民表示，投放站大门直冲阳台，不仅有碍观瞻，也不利于通风，建造计划便被一拖再拖。

为落实"我为群众办实事"要求，在镇政府的支持下，北巷居民区党总支、居委会、业委会多次召开例会，了解居民的实际想法，协调多方意见，最终意见达成一致，确定了垃圾箱房的中心点位。镇规建办依据群众诉求，一改以往传统垃圾箱房的模板，在造型设计上，将其打造成半封闭式样，确保开门朝向不面对住户。

同时，半透明的玻璃顶罩也最大程度保证了采光，一改以往垃圾箱房给人阴暗脏乱的印象。箱房后面是一丛翠竹，既可以净化空气也能起到遮挡作用。加之外墙的精美手绘画，让这个原本人人避之不及的"垃圾桶的家"，成为了一个网红点。

2021 年 7 月上旬，金玉苑生活垃圾分类投放站项目整体圆满完工，一开始持反对意见的居民也转变了态度，启用当天就向北巷居民区党总支、居委会送上锦旗致以谢意。

明亮干净的玻璃罩、有序摆放的垃圾桶、美观的彩绘墙格外亮眼。在垃圾箱房的旁边，我们还打造了一处公共休闲空间，方便居民闲暇时过来坐坐聊聊天。而且，过去因为晾衣绳不够用，很多人会在小区里乱拉线晾晒被褥，现在垃圾箱房整体建设项目，增设了室外晾衣架，解决了很多人的需求。接下来，居民区还可以在这边开展一些丰富多彩的活动，充分调动居民参与社区事务的积极性。

红外感应和喷淋装置好像是上海居民区最常见的设施，是因为技术简单但效果突出吗？

红外感应和喷淋装置是最常见易得的设施，它们虽然没有顶着高科技的光环，却能凭借最基础的功能攻克垃圾分类中的难点，获得意想不到的效果。做好垃圾分类可以依托先进的技术，但也不能少了生活中的智慧。

现在这个两面通透的垃圾箱房是 24 小时开放的，每当有人经过此处，安装在左侧墙壁上的智能声光报警监控系统还会进行自动语音播报，及时提醒居民正确垃圾分类投放。与红外线传感播报器同时工作的还有监控摄像头，影像数据实时传输至小区安保部门，时刻监视着垃圾箱房内发生的一举一动，让不文明投放行为暴露在阳光下。

这套系统还可以自动统计人员的进出，自动监测到垃圾桶的满溢程度以及散落垃圾等现象，在一定程度上节约了人力。

除此之外，上海很多小区在垃圾箱房改造中还会在垃圾桶的最右侧设置感应水龙头，方便居民倒完垃圾后及时清洗，避免二次污染。金玉苑小区是最早实行这项举措的一批小区。

老小区常见的问题之一便是家具和装修产生的大件垃圾无法投放，金玉苑的大件垃圾堆放处与垃圾箱房是设在一起的。这样做有什么好处？

过去关于大件垃圾问题，主要是建筑垃圾随意倾倒的投诉较多。长征镇相关部门于 2019 年 11 月召开住宅小区装修（大件）垃圾规范管理部署会。会后，长征镇成立应急队伍，依托装修垃圾清运系统和物业微信群，协调装修（大件）垃圾清运工作，确保不在小区里积压。

我们也积极响应，在清理大件垃圾及堆放物的同时，规范装修（大件）垃圾堆放场所的管理。经过"1+3+X"协商，大家决定在 947 弄垃圾箱房集中堆放两个小区的装修（大件）垃圾。

解决了堆放点的问题，居民还是不满意，提到在装运垃圾时，晒在阳台上的衣物被灰尘弄脏了！经"1+3+X"协商，物业主动承担了告知工作，每当需要清运时，物业工作人员先通知清运单位，并致电有关居民做好准备。同时，清运车辆到达现场后会告知具体作业时间。精细化管理让居民怨气逐渐消除。

现在的装修（大件）垃圾堆放处还安装了喷淋装置，可有效减少粉尘污染。居民只要拨打电话，负责垃圾箱房的管理人员就会打开房门，随叫随开。居民必须提前做好垃圾封装。

装修（大件）垃圾堆放处与垃圾箱房合为一体后，小区内肆意倾倒装修废弃物的现象大为改观。过去，零散的大件垃圾需要见一次清一次；现在，可以待垃圾堆满后集中清运，成本大大降低了。截至目前，长征镇已完成固定装修（大件）垃圾箱房小区 58 个。2020 年以来，全镇都未再接到装修（大件）垃圾方面的投诉。

倾听需求升级垃圾箱房，多方协同打造徐汇"花园小区"

王海峰／上海市徐汇区枫林街道社区管理办公室主任

徐汇区枫林街道徐家汇花园小区（简称汇园）建成于 1999 年，老人多、保姆多、外籍人士多，垃圾分类管理难度高。在垃圾分类活动开展前，小区 34 个门栋门口共有 68 个干、湿垃圾桶，经常被苍蝇、蚊子的"光顾"，垃圾分类效果也很不理想。

汇园垃圾分类工作通过营造良好的垃圾分类软硬件环境，引导居民人人主动分类、按时投放。在推进垃圾分类工作的过程中，汇园居委会调研居民需求，解决难点痛点。同时，发动小区志愿者、骨干出谋划策，物业公司和周边企业一起共建共治。小区的垃圾箱房变样了、变美了、变智能了，管理更人性化了，居民投放更方便了。

如何面向不同的"不积极"群体宣传垃圾分类？

工作开展之初，居委会通过调研发现阻碍居民垃圾分类的原因可以归纳为"四不"问题，即"不知道、不理解、不方便和不愿意"。针对"不知道"的居民，加强走访和宣传垃圾分类知识；对"不理解"的居民，在党建引领下开展各类志愿活动，以点带面引导居民共筑绿色小区；针对垃圾分类投放"不方便"的现象，根据居民的使用需求升级硬件，打造干净、智能、方便的垃圾箱房，同时调整管理措施，让居民们都能够便捷地处置垃圾；对"不愿意"的居民，志愿者们在垃圾箱房进行值班引导，劝阻不文明的垃圾投放行为。

针对小区内外国居民多的情况，一位精通外语的居民主动将垃圾分类的材料翻译成英语，张贴在小区里，让居住在小区的 300 多位外国人也一同加入垃圾分类的队伍。

汇园居委还组织三批共 150 名居民集体前往南汇老港垃圾处置公司参观考察。看着分类后的垃圾经过无害化处理变废为宝、重新变成可供日常使用的能源，居民们纷纷表示垃圾分类工作十分有意义。尤其是当大家了解到，送往老港的垃圾中湿垃圾竟占到 60%，既浪费资源又大大增加了运输和处理成本后，纷纷表示一定要从源头做好干湿分离，这对小区的垃圾分类起到了推动作用。

如何提升垃圾箱房的品质，让人们自觉参与垃圾分类？

小区内原有的垃圾箱房环境较差。在枫林街道的积极支持下，汇园小区对垃圾箱房进行了全面的升级和改造，将它打造成一个流动型的可回收物回收点。

我们在垃圾箱房门口加装了洗手池、雨棚和照明等设施，对各种细节也不断进行改进。如用大字标注垃圾箱房开放时间，用醒目的箱门标识不同类别的垃圾箱，使用自动感应门让居民投放垃圾时不容易弄脏手。此外，还设置电子显示屏每天自动显示湿垃圾投放量，有利于居民实时了解分类实效，激发居民分类投放的动力。

结合小区安全和防疫常态化的目标，居委会牵头加强对垃圾箱房内、外消毒和除臭，每天上、中、下午各一次，还安装了一套喷雾除臭装置，有效地改善了箱房内外环境。

针对居民提出现有水龙头易造成交叉感染的问题，居委与物业协商，及时将其改成了感应水龙头。夏季高温，还在垃圾箱房安装了电扇和空调，不但改善了垃圾箱房的通风和管理人员的工作环境，还有效地降低了垃圾箱房的异味。

方便、智能、高颜值的垃圾箱房方便了居民的垃圾分类与投放，潜移默化地影响着居民的投放习惯。居民们愿意分类投放了，并把扔垃圾作为"新时尚"，不再将垃圾箱房视为"脏乱差"的角落。

垃圾箱房干净了，但还是有些人员不自觉。为此，居委会还在箱房周边安装了四个监控摄像头实时监控垃圾箱房周边情况，用手机也能查看和回放录像，使不文明的行为变得可监督了，有效杜绝了居民在非开放时间段在垃圾箱房门口堆放小包垃圾或危险品的乱象。

在硬件升级之外，"软件"要如何升级，才能建立长效管理机制？

除了硬件升级，"软件"的提升也必不可少。垃圾箱房的日常维护管理离不开"三驾马车"的共同出力和人性化的共同管理。总结下来，多方协同的软硬件升级，促使居民自觉进行垃圾分类，居委会需要做到这3步。

第一是做好调研工作形成可实施的方案。充分了解居民对垃圾分类的看法和顾虑，以便针对性地提升硬件环境、加大推广宣传、改进管理措施。

第二是动员各方力量形成可推进的合力。居委会要和业委会、物业公司密切配合，共同建立起垃圾分类长效管理措施，确保垃圾分类工作持久有序推进。

小区垃圾房改造前
上海市徐汇区枫林街道供图

小区垃圾房改造后
上海市徐汇区枫林街道供图

第三是引导居民参与形成齐抓共管的成效。社区垃圾分类要从源头上做起，用各种方式宣传分类知识、引导居民自觉在家中分类装袋，并于规定时间定点投放。发挥社区党员、楼组长、志愿者等骨干的力量，带动全体居民共同参与垃圾分类。

现在汇园的垃圾分类成果有哪些？

现在干垃圾从 37 桶 / 天降低到 24 桶 / 天；湿垃圾从 2 桶 / 天提高到 10 桶 / 天；投放准确率从 5% 提高到 98% 以上。居民知晓率从 30% 提高到 100%；居民参与率从 10% 提高到 99% 以上。

此外，垃圾箱房志愿活动使社区志愿者队伍更加活跃，与共建单位共同值守箱房的经历加深了居民与共建单位的情谊。小区居住环境改善、垃圾箱房整洁干净，使居民对物业的认可程度也提高了。汇园以社区垃圾分类工作为切入点，在基层社区治理过程中践行了"人民城市"理念。

青浦重固镇"软硬"结合，推动美丽乡村垃圾分类

张俊杰 / 上海知怡生态科技有限公司

重固镇辖区有大量农村，居住者中有大量外来务工人员及本地老人，垃圾分类工作开展困难。加上此前农村集体租户缺乏统一管理、基础分类意识淡薄，过去"户前两分类"容器时常出现满溢、混投、小包垃圾落地等问题。

为切实有效解决这些痛点问题，培养村居民源头自觉分类习惯，重固镇发挥基层党组织的作用，于 2021 年起实施"农村撤桶全覆盖 + 五星四责三色考评监管"模式。此外，重固镇还陆续引入湿垃圾就地处理设备和磁感应喷淋消毒除臭系统、开设"绿色田园"直播间，全面开启生活垃圾分类 3.0 时代。

在农村撤桶的方面，重固镇是如何做到层层管理，并巩固成果的？

从 2021 年起重固镇施行百姓门前撤桶这一新举措至今，源头分类纯净化及小包垃圾不落地成效显著。在管理上我们做到条线包干，责任到人。以机关、事业业务条线人员"一人包一小组"的形式担负起垃圾分类的宣传、协助管理工作，协助保洁员、村民组长一起把本组的垃圾分类、卫生保洁工作做好、做实。

首先通过两个村民小组试点，确认方案有效后，召开党委会议讨论全面实行农村撤桶方案，再到各村召开户代表会议，党员代表带头撤桶，村民组长沟通管理本村组撤桶进度，遇到问题由村委会协调解决，形成自上而下的闭环管理模式。

同时，我们采用"五星考评、四责管理、三色挂牌"考评机制，对居（村）源头管理实效情况给出相应维度的星级考评，每家每户根据"房东主体之责、租客履约之责、居（村）管理之责、政府监管之责"和出租房的"红色、黄色、绿色"三色动态预警挂牌制度，逐一公开评价。

上海市青浦区重固镇施行百姓门前垃圾撤桶
上海知怡生态科技有限公司供图

通过这一套全覆盖的检查评价体系，组长、志愿者、物业公司还有各职能部门在日常源头分类上实现了闭环管理，提升了分类质量。

"农村全覆盖撤桶 + 五星四责三色考评"推行后，一是从"依赖他人"变"习惯自主"。二是人居环境再提升，相关短板问题发生率减少 50%。三是维护成本显著降低，户外分类垃圾桶及护栏经过日晒雨淋，容易折旧损坏，撤桶后因垃圾桶损坏所需的财政维修资金显著降低。

如何通过优化提升分类设施的"硬件"，让撤桶更深入人心？

从 2020 下半年起，重固镇就在优化投放环境、消除异味、提升社区垃圾分类居民获得感上下功夫。我们在佳兆业小区垃圾箱房引入了青浦区全区首套磁感应喷淋消毒除臭系统。只要将垃圾房门一关，就会触发磁场感应，垃圾桶上方的喷头就会自动喷洒出微生物制剂，微生物制剂一旦接触有机污染物就会快速发生氧化反应。因其极强的氧化性特性，破坏了产生臭味物质的分子结构，恶臭成分被微生物几乎完全分解。同时，因为微生物制剂在分解过程中产生的发生期氧、初生态氧等具有较强大的氧化作用，所以还能达到杀菌的效果。

该系统还可以通过定时功能进行喷淋作业，及时、高效地开展异味控制和除菌消毒。垃圾箱房的自动感应消毒除臭功能，给社区的居民带来极大的安全感，有效助力生活垃圾治理。

磁感应喷淋消毒除臭系统的安装不仅解决了湿垃圾腐臭异味的问题，更是助力生活垃圾箱房的环境消杀。该系统目前已累计服务覆盖 83 个垃圾投放点，使用消毒药片 26 箱，含氯消毒水 1600 公斤，是生活垃圾处理不可或缺的重要帮手。

农村一大特点是湿垃圾多，是否能就地堆肥？

我们确实做到了湿垃圾就地处理不出村。重固镇生活垃圾主管部门为村民们配置了湿垃圾就地处置机，实现湿垃圾就地处置消纳。村民日常产出的湿垃圾经过设备粉碎、发酵、堆肥等处理变为肥料，实现湿垃圾就地进入生态循环利用系统，有效提升资源化利用水平。目前徐姚村、万事发小区各配置日处理量 200 公斤设备一台，中新村、毛家角村各配置日处理量 500 公斤设备一台，重固镇菜场配置日处理量 2 吨设备一台。

重固镇引入湿垃圾就地处置设备以来，湿垃圾减量率达 95%，帮助农村实现湿垃圾减量化的同时，还具有处置快、效率高、分解彻底的优点，有效减少了垃圾清运收集频率，降低了运输成本、人工成本。同时，转化的肥料可以转售市场或作用于农田里，起到反哺的功效，可谓一举多得。

你们通过新媒体宣传，开展了垃圾分类培训班？

为进一步提升垃圾分类工作的基层自治能力，将原有的垃圾分类环保小屋升级更新，特设"美丽田园直播间"，引入专业的直播设备，进行线上垃圾分类培训直播授课。线上授课由直播经验丰富的老师采用"精品小班课"模式，以居（村）为单位，围绕上海市垃圾分类要求及分类细则进行解析，并对各居（村）现存实际问题进行针对性讲解、线上答疑。作为重固镇宣传培训的创新手段，它快速获得重固老百姓和一线居（村）、社区干部的认可，只要拿着手机，就能观看学习最新的垃圾分类要求，了解垃圾分类考评制度。

此外，重固镇充分发挥"福泉之声"微广播作用，开办垃圾分类微广播节目，打造重固镇自己的乡村广播文化，通过田间广播形式分享垃圾分类的日常知识。全镇共建立了 10 家居（村）广播室，安装户外公共音柱 180 个，入户安装小喇叭 3337 个，并在两家企业和部分商铺中建立了广播音柱。

微广播创建两年多来，充分发挥了广播系统的方便快捷、通俗易懂、覆盖率高的优势，走出了基层治理的本土化路径，有效提高了宣导传达率，不仅使垃圾分类的知晓面覆盖更广了，同时日间还可以广播不同节目，起到丰富村民生活的作用。一边在家门口晒着太阳或是田间农作，一边听着有趣的垃圾分类等小故事，既提高了日常知识的储备，又愉悦了身心。

现在"垃圾分类微广播"已经成为重固镇广播室自办节目的亮点，

进一步推动了传统媒体与新兴媒体的融合发展，强化了垃圾分类宣传枢纽，扩大了宣传覆盖面，真正达到了长效常态、深入人心的宣传效果，深受村民喜爱。

老旧里弄投放难，静安宝山路街道另辟蹊径促分类

鲍晶晶 / 上海市静安区宝山路街道城市运行管理中心

静安区宝山路街道有不少老旧里弄，其中宝昌路一侧的一片老式里弄，居住着 300 户人家，户籍人数 800 人左右，内部空间局促，房屋之间的走道不足两米，最窄处仅容 1 人通过，根本无法设置垃圾箱房，同时由于物业管理缺失，日常管理交由街道托管。

硬件设施设备的缺位，一方面使垃圾分类难以为继，另一方面也直接造成了小包垃圾散落严重、环境脏乱等情况。如何满足里弄居民们的垃圾分类投放需求，一直是街道管理部门的工作重点。但现在，移动投放的模式为宝山路街道进一步促进解决基层垃圾治理问题开辟了一条道路，使垃圾分类真正在老旧里弄里得以落地生根。

沿街垃圾投放点在老旧里弄使用中有什么问题？

街道首先尝试的便是搭建沿街垃圾投放点的方案，但实地应用后发现几个问题：一是投放点位空间狭小有限，极易引发垃圾满溢；二是由于居民房型低矮、沿街而建，垃圾投放点正对着居民家门口，居民反对意见强烈。

为了啃下老旧里弄这块"硬骨头"，实现生活垃圾分类全面覆盖，让里弄生活环境更加整洁有序，我们成立垃圾分类推进工作小组，深入摸排里弄空间布局，对 300 余户居民生活垃圾投放时间开展踩点记录，认真倾听并吸纳居民有益建议。

上海市静安区宝山路街道移动垃圾投放车
鲍晶晶供图

经调研摸排发现，现住人员中有 70% 以上是外来人员，多数从事保安、保洁、外卖、快递等行业，一般都是早出晚归。于是我们借鉴沿街商铺垃圾分类上门收集工作中的经验启发，经历多次居民意见征询与论证后，最终废除沿街垃圾投放点位方案，根据大部分人的作息习惯，采用车辆定时停靠、志愿者现场督导、投放结束及时清运的"移动投放车"方案。

"移动投放车"是从哪来的？作息时间是怎样的？

街道投入 10 万元资金，全新购入一辆小型观光缆车并加以改装。改装后车厢两侧均为无障碍对开车门，配合卷帘门样式投口，方便居民从不同位置投放及保洁员卸桶清运。车厢可以同时容纳 3 个 240 升干垃圾桶、1 个 120 升湿垃圾桶、1 个有害垃圾小型收集箱，以及 1 个可回收物存放区，正好满足 300 户居民的投放需要。

根据居民投放习惯，"移动投放车"作业时间为每天上午 7—8 点和晚上 6—7 点，周末延后半小时，进一步满足居民节假日投放时间需求。根据里弄空间布局，"移动投放车"在投放时间段内停靠在宝昌路中段位置，即使是道路两头的居民投放距离也未超过 100 米。同时，现场还安排 1 名保洁监督员引导居民自觉分类投放。

此外，为更充分发挥"移动投放车"的效用，宝山路街道在非投放时间段内利用"移动投放车"对沿街商铺垃圾进行分类收集，对街道范围内落地小包垃圾进行清理，真正做到了因地制宜、精准施策、有的放矢、物尽其用。

"移动投放车"与普通投放点相比，怎么才能做到不扰民？

这种移动投放新模式对比原先沿街投放点，一是有效缓解了投放点位长期设置对里弄居民出行及日常生活的影响，二是通过垃圾桶入车密闭，妥善解决了垃圾污水滴漏、臭气污染等问题，三是居民分类投放结束后，保洁员无须拖桶驳运，简单清理现场后即可上车完成清运。

"移动投放车"得到了居民的普遍肯定，它证明了螺蛳壳里也能做道场。经过一段时间的宣传引导和实际磨合，居民已养成定时定点分类投放的习惯，里弄小包垃圾随处可见的现象也得到了明显改善，居民生活环境质量有了显著提高，居民满意度也在不断提升。

"移动投放车"与普通投放点相比是否还有某些缺陷？否则为什么前者才是个案？

当然，"移动投放车"在实际运用中也存在一些瑕疵，比如，车厢内空间容量仍有不足，可能会发生垃圾桶或可回收物存放区满后保洁员需要进行清运的投放"真空期"。另外，"移动投放车"的蓄电池难以支持大功率的照明灯，夜间投放时需要周边路灯的辅助。

如何工作得像绣花一样精细，最大限度创造垃圾分类良好投放环境，将是宝山路街道下一步的工作思路。我们将通过不断梳理归纳和总结分析，解决老旧里弄环境脏乱问题，破解垃圾分类短板痛点，提供更多基层管理的智慧方案和解题思路。

截至 2022 年底，全市服务于居住区的生活垃圾分类投放、收集点中，已有 22000 多个完成升级改造，安装了洗手装置和除臭设备，社区分类投放环境得到有效改善。

经过这几年的实践，上海在垃圾投放点改造上有何创新？

从 2020 年开始，垃圾收集点要配有破袋、洗手装置，这成为生活垃圾分类综合考评的硬性考评标准。考评不仅要求居住区所有投放点应当配备破袋工具、配套设置洗手池等便民设施，还要落实冲洗水和洗手池排水就近纳入市政给水排水管网的问题。加强异味控制也是新的考评要求之一，针对湿垃圾破袋投放和湿垃圾存储期间的异味控制问题，制定投放点管理规范。

此外，推进垃圾投放点加装智能监控设备、建立可追溯信息化系统等方式对源头分类行为进行监管，尤其是对误时投放点分类投放行为加强监管并及时反馈，做好误时投放点垃圾分类实效日常管理。

上海还有部分里弄住宅，因面积狭小无法设置垃圾箱房，问题矛盾突出，中心城区积极探索化解难题，通过采取车辆定时停靠、志愿者现场督导、投放结束及时清运的"可移动投放车"方案，巧妙化解矛盾、破解垃圾分类痛点。

此外，多个社区应用新工艺、新技术开展社区垃圾箱房防虫除臭升级行动，通过对清洁后的生活垃圾箱房进行"覆膜"有效驱虫除臭，通过在垃圾箱房内添置喷灌系统有效抑制臭味。防虫除臭控制措施已逐步在上海生活垃圾投放收集点得到普及。

多个街镇将"一网统管"智慧平台运用于生活垃圾分类，深化智能监控对定时定点投放的场景应用。这不仅能够实现对全域点位数、点位地理位置等基础信息的掌握，还能实时了解垃圾桶满溢情况、干湿垃圾混投次数、乱扔垃圾高峰时间段等动态数据，全面提升垃圾综合治理能力和水平。

城发集团技术创新，解决湿垃圾运输异味难题

蒋吉鑫　李晨／上海上城环境卫生运输有限公司

垃圾臭味，一直是垃圾分类过程中备受诟病之处，也是管理部门头疼的问题。

2021 年 4 月，黄浦城市发展（集团）有限公司（简称城发集团）下属上海上城环境卫生运输有限公司（简称上海上城）研发成功了第一代"车载异味控制喷淋系统"，有效缓解垃圾臭味扰民的难题。

研发除臭技术，是出于什么考虑？

自 2019 年 7 月 1 日《条例》实施以来，居民垃圾分类意识逐步提升，

上海上城环境卫生运输有限公司研发的"车载除臭喷淋系统"清运作业中发挥作用
上海上城环境卫生运输有限公司供图

湿垃圾产量骤增，由此产生的垃圾臭味扰民问题越发突出。夏季"双高"季节，湿垃圾遇高温天极易发酵、产生异味，臭味不断向外扩散，而垃圾收集车往往成了移动的"臭源"，令行人掩鼻绕道，由此引发的臭味扰民投诉逐年增加，对环卫作业形象造成一定的负面影响，解决该问题迫在眉睫。

技术研发经历了哪些阶段？

上海上城是一家以从事公共设施管理业为主的企业。2020 年 9 月，在黄浦区绿化和市容管理局牵头下，上海上城技师工作室和上海预锦环保科技有限公司携手合作，就"3 吨船型湿垃圾车上安装除臭喷淋装置""减少湿垃圾车辆在清运过程中所产生的异味"，成立了项目组进行技术攻关。

2021 年 4 月合作研发第一代"车载异味控制喷淋系统"，同年 5 月，产品升级为"感应式全自动启动"，操作更便捷、喷洒更科学、香味更多元。该产品在外滩、南京东路街道湿垃圾收运作业进行试点，得到居民和商户的一致认可。

除臭喷淋装置如何安装在垃圾车？

船型湿垃圾车作业时，首先会打开车辆顶部的刮板，此时我们在车辆顶部安装的传感器会接收到刮板打开的信号，除臭系统就会自动开启工作，通过隔膜泵将空气压缩为动力源，然后开始泵吸储液箱内的除臭剂，通过水管输送到船箱顶部末端进料口两侧的喷嘴，由喷嘴将除臭液以雾化的形态对进料口进行喷洒，最终起到除臭杀菌的作用。喷洒的除臭液体为浓缩液与清水勾兑，勾兑比例为 1∶300。

该技术研发实施后，除臭效果如何？

该系统能较好地解决垃圾收运过程中臭味扰民、扬尘、消杀、污染环境的问题，对改善居民生活环境，提升环卫作业单位形象具有积极作用。同时，"车载异味控制喷淋系统"结构简单、安装使用方便，能有效减少垃圾的二次污染（扬尘、臭气飘散）。

　　除臭剂作为纯天然绿色植物萃取液，对人体无毒害，且使用成本不高，具有一定的推广价值。根据第三方专业机构检测后出具的报告，在除臭前臭气浓度达 174mg/m^3，除臭后臭气浓度降低至 21mg/m^3，去除力达到 87.9%。2021 年 7 月，该项技术通过专家评审，被授予实用新型专利。

未来的研发计划是什么？

　　目前，公司技师工作室正在根据湿垃圾作业车的不同车型设计安装方案，并在专家提出的除臭喷雾覆盖面、喷头通畅度、剂味种类等方面继续攻关改进。此项目计划在年内完成，并在全区湿垃圾作业车全线推广运用。根据使用效果，后续力争推广至全市乃至全国，填补垃圾收运车辆除臭领域的空白。

精细管理，
打造单位分类"样板间"

Refined Management
and Model Work Units

政企协作，天目西路街道与上海嘉里不夜城企业中心共建零废弃物楼宇

赵泽伟 / 上海市静安区天目西路街道办事处
王励哲 / 嘉里物业服务（上海）有限公司

嘉里不夜城企业中心项目位于静安区天目西路街道，由两幢办公楼、一幢公寓式办公楼、裙房商业，以及一幢二层商场组成，整个项目垃圾处理系统共分为干垃圾和餐厨垃圾两套系统。

在天目西路街道的指导和支持下，嘉里不夜城企业中心开发商及物业公司高度重视，并全力推进，积极跨前推进垃圾分类工作，建立起从源头投放、收集驳运到分类处置完整的楼宇内部分类管理体系，起到垃圾分类排头兵的表率作用。自 2018 年起，该项目已连续三次获得"上海市物业管理优秀示范大厦"称号，2020 年又获得了 LEED O+M V4.1 铂

嘉里不夜城企业中心第一座一楼大厅摆放可回收物制成阅读区域桌椅
嘉里不夜城企业中心供图

金级认证，2021 年更是获得亚洲首个 LEED 零废弃物认证，实际达到了 91% 的废弃物转化率。

天目西路街道在开展辖区楼宇垃圾分类工作时，提供了哪些助力？

街道充分发挥和调动基层党组织力量，带头参与垃圾分类。"垃圾分类宣讲小组"提供上门讲座宣传服务，多次组织楼宇单位参观湿垃圾末端处置场、生活垃圾分类科普馆等，在楼宇物业的全力配合下，楼宇内租户对垃圾分类重要性的意识及分类的精准率都大幅提高。

你们会组织相关的科普宣传吗？

会的，嘉里不夜城企业中心已举办了多次企业内部宣传和培训活动，加强物业管理人员分类意识；不定期向租户公司的负责人、职员进行垃圾分类讲解，营造了垃圾分类方方面面全员参与，由上至下共同推进的良好氛围。

楼宇内的垃圾产量大头是餐饮企业，餐饮部分如何从源头管理？

一是积极营造氛围，主动引导顾客分类。我们在餐厅的公共区域配置可回收物、干垃圾两分类桶，桶身规范张贴标识；在餐厅入口处放置垃圾分类宣传海报，在每张餐桌上加贴带有垃圾分类宣传内容角标，引导和提醒来店顾客进行垃圾分类，起到良好的社会宣传作用。

二是注重岗前培训，源头分类操作到位。我们要求餐饮企业将垃圾分类纳入岗前培训内容，培养员工的垃圾分类意识；餐厅配置标识规范的分类回收小推车，服务员在顾客用餐结束后，将餐余垃圾第一时间准确分类投放至分类回收餐车内，推至厨房收纳区域统一分类收集，再由物业保洁每天两次分类驳运至地下一层垃圾箱房分类转运和处置。

三是我们要求餐饮企业严格按照《条例》规定，不主动向顾客提供一次性餐具。

在办公楼层设置垃圾分类设备并规范投放，需要注意哪些事项？

一是设置规范、宣传到位。嘉里不夜城企业中心物业公司根据楼内企业员工的实际情况，在各楼层的茶水间内配置干、湿、有害垃圾的三分类垃圾桶，标识规范醒目；墙面张贴垃圾分类宣传海报，引导和提示用户主动分类、规范投放；同时在每个楼层的公共区域配置240升的可回收物和干垃圾桶，以满足日常投放量和各楼层"四分类"投放要求。

二是操作规范、分装驳运。嘉里不夜城企业中心的物业保洁均参与了分类投放和驳运的常识培训，在实际操作中，采用黑色、蓝色和透明垃圾袋来区分干垃圾、可回收物和湿垃圾的分装驳运，一方面从外观上一目了然，杜绝保洁员误操作下的混装混运，提高效率；另一方面让分类驳运环节公开透明，以便接受大家的监督。

三是，物业与楼宇里积极响应可持续发展并在环境保护上有意愿的企业合作，对楼宇内用户单元每天产出的垃圾进行称重，定期回顾，以期找出减量方法。

楼宇内产生的各类垃圾，能做到全部分类处理吗？

可以，一是湿垃圾就地消纳。湿垃圾由物业统一运至餐厨垃圾低温暂存室，内部设有独立空调、餐厨垃圾纯化冲洗池及除臭喷淋设施。先将餐厨垃圾通过纯化冲洗池进行冲洗，尽可能去除油、盐、糖等成分，通过设备甩干粉碎后，投入生化处理机进行生化分解，充分运用科技手段就地处理餐厨垃圾，实现真正的零产出。此外，在该项目的裙房楼顶花坛，用楼宇内产生的发酵过的咖啡渣与土壤混合种植各类植物及蔬菜，使得楼宇里的咖啡店每天产出的咖啡渣被回收再利用。

二是干垃圾压缩转运。干垃圾投放至压缩机压缩处理后，由静安区绿化和市容管理局授权上海静安城市发展（集团）有限公司（简称静安城发）专车清运。有害垃圾积满一桶后，也由静安城发进行清运处置。

三是可回收物细分回收。每日干垃圾产生量呈逐年下降趋势，主要原因就是标准"四分类"分得清楚了，原先干垃圾大类中的一部分可以分拣出可回收物，大大提高了废弃物转化率。

物业公司专门设置了可回收物细分存储区，按照废金属、废塑料、废纸张、废泡沫进行细分后分别存放待运，便于分类交易和装运。

在嘉里不夜城企业中心，建筑垃圾是占比最大的一类垃圾，尤其是租户二次装修产生的建筑垃圾。项目希望能够把这些材料回收并进行资源化利用，减少填埋。但由于建筑及装修垃圾物料种类复杂、硬度不一、杂质含量高，给资源化操作带来了不确定性。通过驻场物业管理统一协调并联系专业的清运机构，项目将租户二次装修所产生的建筑垃圾运输到由政府指定的第三方分拣处理厂，经处理的废弃物可以转化为路基材料、路面铺装材料、非承重砌块砖等建筑材料，供有需要的项目使用。还与环保科技公司合作，率先定制由废弃利乐包回收制成的垃圾桶、凳子、桌子和书架等日常用品，并在大楼里向用户推广及使用。

黄浦豫园探索长效机制，狠抓商圈垃圾规范分类

高敏恺 / 上海市黄浦区豫园街道城市建设管理事务中心

豫园商城作为上海地标性大型商圈之一，营业高峰时段垃圾产出量巨大，特别是一次性餐具产生的垃圾量较大。小型个体餐饮店铺集中于商圈里，又分散于商城的各个角落，很难像商业综合体或按楼层、或通过连锁品牌自身的系统进行管理。

此外，因为店铺众多，游客行踪难以掌握，"逛吃逛吃"所产生的垃圾具有多点多源、难溯难管的投放特性，仅在路边或店铺旁设置干湿垃圾桶远远不够。这也给垃圾分类工作带来了新的挑战。

豫园街道围绕五大管理的核心要素——"人、店、客、面、法"来发力，通过抓住"人"、管住"店"、引导"客"、狠抓"面"、守住"法"，形成了人靠谱、店规范、客参与、面实用、法有力的垃圾分类常态长效管理格局。

上海豫园商城落实公共场所垃圾三分类
上海市黄浦区豫园街道供图

针对豫园商城主体责任单位众多，人流巨大，街道如何培训工作人员以保障垃圾日产日清？

垃圾源头分类的本质是人人参与，我们通过制定行为标准和规范，组织商城物业实施全员培训，采取现场指导、手把手教、模拟操练、反复督导等具有实施性的措施，做到人人皆知、个个会分。

豫园街道以豫园商城物业为抓手，围绕"人"这一核心要素，全面培训"五大员"——管理人员、保洁人员、商铺店员、安保人员、单位责任人员。从集中专题培训入手，明确垃圾分类标准和规范；以入店培训、指导整改、实操演练为主要抓手，做到应知应会。

针对地标商圈节假日客流激增的情况，保洁人员应主动增加上门收运频次，规范收运标准和流程。针对豫园商城新开快闪集市等新型业态，垃圾分类应走在开业准备工作之前，入店培训分类规范，做到豫园商城内垃圾分类无死角，标准规范一个样。

此外，商圈店铺繁杂，业态多样，如何保证垃圾分类的实效？

豫园街道结合各类店铺的实际情况，制作了多种形式的垃圾分类宣传用品，发放到每家商户，用以提升豫园商城整体垃圾分类宣传氛围。豫园物业通过实地调研充分掌握豫园垃圾分类动态规律，并制定了一整套符合全年实际动态规律的管理措施。

街道还聘请了专业第三方公益机构与物业协调作战，制定每周巡查全覆盖、节假日高峰每日巡查全覆盖的督导自查自纠工作制度。发现缺漏当场整改，随时培训明确标准，让店铺紧绷垃圾分类这根"弦"，使店铺自觉养成垃圾不分类不出门的生意经。

大型公共场所面对南来北往的游客，街道如何进行垃圾分类理念的传播引导？

这确实是个难题。豫园商城客流量大，游客众多，作为上海地标性商圈，垃圾分类关乎上海整体城市形象。豫园商城物业发挥"八扇门"安保人员和保洁收运人员的力量，培育了一支以他们为骨干的垃圾分类宣传引导队伍。肩配标志、身穿马夹，处处可见垃圾分类宣导员身影。

守住"八扇门"，管住风景点，时刻宣传引导正确分类投放垃圾，游客分类投放垃圾的正确率明显提升。这在豫园商城形成了浓厚的垃圾分类宣传引导氛围，促进了垃圾分类实效的明显改善。

对于日产垃圾较少的小店铺，商城如何做好定时定点投放？

个别店铺图方便，时常将店铺垃圾随意投放至附近的公共废物箱。这时就要物业管理方联手豫园街道职能部门和城管执法单位，依法取证，耐心约谈，执法严明。通过一段时间的多方共同努力，广大商铺均已知晓在豫园商城经商开门迎客必须做到垃圾规范分类，形成垃圾不分类不出门的共识和日常必修课。

对于其他商圈，商城有哪些值得分享的经验？

我们总结了一个口诀：商铺要盯牢、游客靠引导、废物箱设置要美观又实用；综合施策是关键，全域布局守住法，形成全套"组合拳"。

面对节假日困局：游客暴增，人流巨量，垃圾产量（日产）上升明显，短驳压力极大。豫园街道发挥工作站优势，联合商圈城管、城运中心、城建中心等多方力量，组成一支商城垃圾分类节假日工作组，专项应对节假日客流暴增状况。同时联合环卫作业公司对豫园商圈推行"四联＋三补＋五步"的保洁模式，即人工清扫、机械清扫、人工冲洗、机械冲洗四项联动；飞行保洁快速补充、白天精细化新型作业机强化增补、夜间全面积高压深度热冲洗三项补充；头遍清扫、人工冲洗、循环养护、定点清污、上门收集五大步骤。

豫园街道所管辖区，商圈多，上海地标性旅游建筑多，因此也是上海城市形象集中展示地，对此，豫园街道在实施垃圾分类，弘扬上海城市精神方面，有哪些经验做法？

第一，强化培训：街道城建中心联合豫园商城物业对豫园商圈各单位负责人进行多次培训，并要求各单位负责人对单位一线员工进行高频次大力度的全员培训，同时对垃圾分类的规范操作进行实操演练。城建中心还印发了一批垃圾分类"应知应会"小卡片，发放到一线员工手中，普及垃圾分类常识。

第二，动态管理：街道城建中心联合第三方专业人员对商圈客流情况进行细致调研，并从中总结规律。根据豫园客流呈现不同时段、不同假期、不同季节的多维度变化形态，配置多套应急响应预案，同时借助街道工作站的力量，进行动态执行。

第三，督导前置：豫园街道城建中心配置专职人员常态入户进店，现场督查指导培训。让店员人人懂分类，个个都是宣传员。

第四，狠抓关键：豫园街道城建中心对于豫园商圈垃圾分类的重点难点严格把控监管，从源头细分类、短驳标准化、垃圾箱房管理流程化、管理人员职业化这四方面入手进行常态化督导，从技术上和政策上给予豫园商圈支持。

高人流量大型机场，"见招拆招"管理垃圾分类

姚倩 / 浦东机场公司科技环保部生态室经理
徐娜 / 虹桥机场公司技术设备部工程师

公共场所人员结构复杂，单位众多，存在职责界限模糊、人员监管困难的问题。

浦东机场按照"三层管理、四大区域"管理原则压实垃圾分类管理责任。首先是优化分类设施设备，增设果壳箱分布平面图，更新清运设备；同时在 T2 航站楼设置可回收物精细化分类试点，保障源头分类实效。而后按照"谁产生、谁负责"的工作原则，优化卫生责任区域。

虹桥机场则在 2019 年制定了《虹桥机场公司垃圾分类管理实施方案》，推进八大类 37 项任务全面落实，开展宣传教育及志愿者服务。从"十四五"时期的第一年起，根据环境管理从严从紧的政策要求，进一步

浦东机场积极举办垃圾分类宣传活动
浦东机场供图

强化源头控制、科学治污及污染全过程监管，守住环境底线，提升绿色发展水平。

机场如何建立组织机构，编制管理方案？

浦东机场：为全面协调生活垃圾分类工作，浦东机场公司成立生活垃圾分类专项工作领导小组，多次召开专题会议，按照"三层管理、四大区域"管理原则，建立公司——区域管理单位——垃圾产生单位的三层管理体系，形成四个生活垃圾责任区域。同时，编制垃圾分类减量工作任务清单，涵盖组织领导、宣贯培训、收集运输、监督管理等多个方面，并落实各方面具体责任人，每月核实推进成效。

浦东机场范围内单位众多、人员结构复杂，为有效解决生活垃圾分类工作推进过程中存在的单位间职责界限模糊、人员监管困难的问题，公司场区管理部按照"谁产生、谁负责"的工作原则，通过与驻场单位签订《场区垃圾收运交付点管理责任协议书》《浦东机场地区单位生活垃圾分类责任承诺书》的方式，明确了 47 个垃圾收运交付点管理职责；通过与 162 个驻场单位签订《机场地区卫生责任告知书》的方式，确认了卫生责任区管理边界；通过驻场单位平台沟通会，交流协调生活垃圾分类实施过程中遇到的困难。

浦东机场航站区管理部积极落实区域管理责任，联合交通保障部、商业开发中心、后勤服务中心建立垃圾分类检查机制，每季度对航站楼内公共区域、食堂、商户等场所的垃圾分类情况进行抽查，做到发现问题及时督促整改，确保楼内垃圾分类合规，以巩固航站楼内垃圾分类成效。经过三年多不懈努力，不断深化与驻场单位在生活垃圾分类工作方面的合作共赢，提高了管理效率。

虹桥机场：在过往分类成果的基础上，虹桥机场公司以"进一步完善垃圾清运量统计机制，形成费用控制的有力措施"为目标，开展垃圾减量工作。2020 年初，虹桥机场公司根据现场调研结果，制定《虹桥机场公司生活垃圾减量工作实施方案》，设定量化目标值；率先对垃圾减量工作各项措施开展试点，开发高效的垃圾压实工具，并制定统一作业标准，确保垃圾压实效果；落实管辖区域内垃圾产生、驳运、贮存等的全过程管理，将减量目标作为重点工作纳入年度绩效考核，并履行垃圾收运合同的监管责任，精准核定交付数。

同时，虹桥机场公司按照上海市垃圾分类考评办法，定期对下属各单位开展工作情况督查，并且根据从严管控的要求强化源头分类纯净度方面的监管力度，提升交通枢纽等公共区域分类实效优化流程。

此外，虹桥机场公司在垃圾分类督查工作中也积极总结经验，围绕历次垃圾分类实效检查中的短板问题，选取具有参考价值的垃圾交付点，开展从源头到合规清运处置的各环节作业剖析。通过明确层级管理责任、建立标准化作业程序和分享示范点位的实际运行，为各单位进一步规范垃圾分类工作内容、流程以及工作标准，形成可复制、可推广的工作路径。在此基础上，虹桥机场公司编制了《虹桥机场公司生活垃圾分类管理操作指导书》，以制度规范推动措施落地，全面提高虹桥机场公司在各项生活垃圾分类实效测评的得分率和达标率，形成常态化、长效化管理机制。

机场如何强化垃圾分类宣传力度？

浦东机场： 浦东机场采用投放电子屏、张贴海报、发送宣传手册、组织宣贯培训、新闻媒体报道、开展志愿服务、举办主题活动等多种宣传形式，营造浓厚的垃圾分类宣传氛围，有效提高了旅客和机场工作人员生活垃圾源头分类投放意识。宣传范围对内覆盖各职能部门、直属单位，对外延伸至旅客、驾驶员、保洁员、航空公司、驻场单位等，做到内外全覆盖。重点加大航站楼、办公区域、停车楼、垃圾箱房、餐饮食堂、商铺等重点区域的宣传力度。

现在浦东机场已在 88 个电子显示屏滚动播放宣传视频；张贴海报 572 余份；分发宣传手册 17182 余份；进行垃圾分类专项培训 181 余次，培训人次达 11330 人次；利用社会媒体报道垃圾分类专项工作 13 次；积极开展志愿者服务 16 次。

虹桥机场： 虹桥机场实行生活垃圾分类两周年时，我们邀请虹桥机场各单位环保条线负责人、驻场单位员工及行业主管部门负责人联合开展了"限塑减量美好生活·绿色机场最佳保障"主题宣传及艺术创作活动。活动以巨幅"时间轴"展板为载体，向广大员工展示了虹桥机场生活垃圾分类工作一路走来的成果，同时普及了垃圾分类知识，并通过互动体验强化全员的垃圾分类、减量意识。

活动中用"一次性塑料杯换取绿植"的互动小游戏，赋予一次性塑料杯"二次生命"，真正起到了变废为宝、限塑减量的作用；同时，在活动现场放置了百余个环保包让活动的参与者 DIY 设计作画，用参与者的笔触画出"心中的环保"，在寓教于乐的氛围中体会垃圾减量、限塑对未来低碳生活的重要性。

浦东机场如何完善设施设备，优化分类标识？

浦东机场： 生活垃圾分类实施前，浦东机场公司各收运交付点、果壳收集点的设施设备良莠不齐。通过整体优化布局，生活垃圾分类设施设备面貌焕然一新。2019 年 4 月起，浦东机场公司对 32 个收运交付点进行统一改造，由原先露天简易的垃圾收运交付点改建为"四分类"封闭式不锈钢垃圾箱房，同步配备 2100 个具有分类标识的 240 升标准垃圾桶；对道路旁固定果壳箱点位进行布局优化，共设置 46 组干 / 可回收分类果壳箱；对候机楼公共区域果壳箱进行统一规划，共设置 722 组分类果壳箱（含干 / 可回收、干 / 湿、湿 / 有害、可回收 / 有害）。

浦东机场公司还对专用清运车辆进行升级，杜绝跑冒滴漏现象出现，在清运过程中严格按照操作流程实施，确保垃圾清运及时、规范；积极推广新技术应用，在部分办公场所试点投放具备超重报警、宣贯引导等智慧化功能的智能垃圾箱房，在 20 个果壳箱内试点安装了垃圾满溢度监测设备，数据实时传输至场区运行管理中心的监控大屏上。

随着生活垃圾分类工作的不断深化，浦东机场公司逐步在细微处进行创新探索。更新优化航站楼内垃圾桶标识和海报，突出旅客常见的生活垃圾种类，添加上海发布的垃圾分类二维码图标，增加果壳箱分布平面图，以便于旅客分类投放。在 T2 航站楼出发大厅设置可回收精细化分类试点，试点含废纸张、废塑料、废玻璃制品、废金属、废织物和其他可回收物六类可回收物垃圾桶，引导旅客从源头细分可回收物。

通过三年多垃圾分类管理工作的持续推进，浦东机场垃圾箱房、道路果壳箱、垃圾收集容器等硬件设备焕然一新。在旅客密集的航站楼内，垃圾分类设施的完善和标识的优化，在提高观赏性的同时又发挥了引导作用，让旅客一眼便清楚垃圾该往哪儿扔、该怎么扔；同时通过定期进行垃圾分类联合检查，积极督促落实问题整改，不断地提升航站楼内垃圾分类实效。经过三年多持续的垃圾分类宣贯教育，员工和旅客都越来越自觉参与到垃圾分类行动中，取得了良好的实践效果。

虹桥机场如何开展政企合作？

虹桥机场： 在《条例》实施两周年之际，虹桥机场与程家桥街道党工委、办事处共同主办主题为"走进程家桥 遇见新示范"的党建引领创新垃圾分类新示范活动，在上海动物园门口广场上揭开首批投用的六组精细化投口废物箱的神秘面纱，不断探索在程家桥街道内的地标位置和窗口区域实施可回收物精细化分类的可行性。程家桥街道党员志愿者代表宣读"我为群众办实事"倡议书，为打造垃圾分类区域化共建新示范模式，营造出一个有感受、有温度、可阅读的绿色生态社区。

虹桥机场公司将按照国家"十四五"规划中"推行垃圾分类和减量化、资源化"的要求，以"改善生态环境质量，推动绿色高质量发展"为总目标，持续纳入属地管理体系，深入开展生活垃圾深层次减量工作，将垃圾减量化工作作为今年公司推进绿色发展的重要举措，以促进垃圾的科学减量，持续改善机场生态环境质量，加快推进生态环境治理体系和治理能力现代化，进一步提升"四型机场"建设水平。

为降低车站垃圾混投率，
上海地铁用上过程决策程序图

俞镇础 / 上海地铁第四运营有限公司客运服务部

上海作为中国的一座特大城市，其城市轨道交通网络是城市运行的"大动脉"，地铁出行占比已经达到 66.7%。客流量的增长给车站垃圾分类带来了巨大压力和新的挑战。

为提高车站环境卫生水平，减少由垃圾混投引起的虫鼠问题对于机电设备的影响，上海地铁第四运营有限公司（简称运四公司）以 6、8、12 号线三条线 76 座车站为研究对象，对提升车站垃圾分类效率与减少垃圾混投率进行研究，运用过程决策程序图法（PDPC 法），从定制垃圾桶、加强宣传引导、完善制度等方面入手，从而降低车站公共区域分类垃圾混投率。

地铁公司开展垃圾分类的背景是什么？

随着上海轨道交通网络化运营的不断完善，地铁出行呈现出高效与便捷的特征，越来越多的市民及游客将地铁作为出行首选的公共交通。客流量与日俱增的同时，乘客对出行环境舒适度要求也逐步提高。城市轨道交通系统中的车站多为地下车站，其具有环境相对封闭的特点，若垃圾混投或混入湿垃圾，容易滋生虫害，影响乘客的出行体验，危及地铁运营设备及行车安全。

《条例》于 2019 年 7 月 1 日起正式实施，上海申通地铁集团有限公司及运四公司领导对垃圾分类工作高度重视，大力推进轨道交通站点的垃圾分类工作。垃圾分类初期主要依靠保洁员对垃圾进行二次分拣以降低垃圾混投率，这导致保洁员的工作强度大幅增加。由于垃圾混投的源头是乘客，研究如何从源头出发降低垃圾混投率具有更现实的意义。

地铁公司是通过什么方法降低垃圾混投的情况？

运四公司通过运用过程决策程序图法（PDPC 法），事先预测可能发生的难点，从而制定一系列对策措施以尽可能地降低垃圾混投率。在该方法实施过程中，须对 PDPC 图进行动态调整，以适应计划实际进度，切实保障计划目标的可达性。

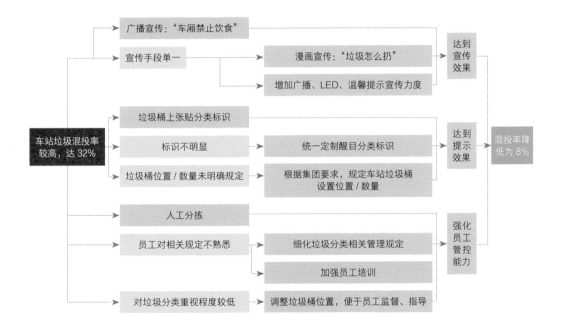

而后实施的具体措施有 6 个。一是定制垃圾分类垃圾桶 / 垃圾袋。通过在垃圾桶及垃圾袋上使用双重标识，提示乘客进行垃圾分类。撤除在原垃圾桶基础上临时改制的分类垃圾桶，统一配置桶身印有明显垃圾分类标识的垃圾桶，同时定制印有垃圾分类标识的专用垃圾袋，进一步增强提示效果。

二是加强地铁车站的垃圾分类宣传及引导。从乘客进入地铁车站范围开始，从视觉（电子显示屏、宣传图）、听觉（广播）等多维度加大宣传力度。增加车站垃圾分类宣传广播频次，高峰时段 15 分钟 / 次，平峰时段 30 分钟 / 次；车站出入口电子显示屏在运营时段滚动播放垃圾分类宣传内容。

三是制作垃圾分类提示标识。通过墙上的垃圾分类提示标识，进一步强化便于乘客辨识的视觉效果，从而帮助乘客快速、正确地投递垃圾。在公共区域垃圾桶附近显著位置张贴"可回收物""干垃圾"提示标识以及垃圾分类图示，便于乘客正确投递。

四是丰富垃圾分类宣传手段。通过微信公众号，以喜闻乐见的宣传方式，进一步加大垃圾分类对内及对外的宣传力度。制作垃圾分类宣传漫画，并通过集团微信公众号（上海地铁 shmetro）推送，以扩大宣传面。

五是加强地铁公司员工培训。将垃圾分类要求细化形成课件，对委外保洁员、站务员、安检员、商铺人员进行全员培训，强化员工对于垃圾分类知识掌握，便于员工对地铁车站公共区域垃圾分类进行指导与监督。

六是进一步细化垃圾分类规定。根据公司新修编《上海轨道交通站车卫生保洁管理规定》，结合公司实际情况，形成《站车卫生保洁管理实

上海地铁站内垃圾桶及分类要求
上海地铁第四运营有限公司供图

施细则》，将垃圾分类、巡视等纳入巡视岗位职责，明确垃圾分类及消毒工作内容、频次等要求。落实线路管理部及相关委外单位组织开展学习培训，要求层层落实到每一位员工，从而有效促进垃圾分类效果。

开展地铁垃圾分类之后，取得了哪些成效？

运四公司对三条线 76 座车站的公共区域垃圾桶混投情况进行检查。据现场观察情况来看，地铁车站公共区域垃圾桶混投率下降明显。76 座车站中，只有 6 座车站还存在垃圾混投现象，混投现象从原来的 32% 下降至垃圾分类后的 8%。对于仍然存在垃圾混投现象的垃圾桶，通过人工分拣保障由车站运送出的垃圾分类 100%。

此外，通过以上垃圾分类措施，还取得了良好的社会效益。一是地铁车站采取的一系列措施，获得了乘客们的支持与配合，同时加强了员工对垃圾分类工作的执行力度，从而大幅度降低了车站公共区域垃圾混投率，车站垃圾分类工作成效提升明显。二是相关系列措施可在其他城市轨道交通线路进行推广，有助于提升地铁垃圾分类工作成效，从而有效促进各地地铁车站整体站容站貌的提升。

在今后工作中，运四公司将进一步巩固轨道交通车站垃圾分类工作成效，认真研读上海市人民政府下发的《单位生活垃圾分类实效测评评分细则》，将对策措施运用到车站卫生保洁工作中，检验对策措施的有效性，并结合现场问题不断细化完善相关细则，提升车站整体环境质量。

保障水域生态环境，上海城投从"头"抓起

钱颖盈 / 上海市市容环境卫生水上管理处
盛星宇 / 上海城投环境（集团）有限公司

上海黄浦江上游 G1501 大泖港北库区水域水葫芦整治
盛星宇供图

　　水域环境的整洁有序彰显着一个城市的文明程度，也是整个城市生态环境的重要组成部分。

　　按照"市区联手、拦捞结合、关口前移、确保重点"的原则，上海以"控源头""捞苗头""堵田头""净滩头""清弯头""管船头""抓岸头"为主要抓手，全面建立起了区与区之间、上下游之间、跨省市之间的水域环境管理联防联动机制。

　　这一联防联动机制有效加强了对"一江一河"公共空间的治理，连续多年完成了黄浦江、苏州河核心水域"水面垃圾零漂浮、水生植物零污染"的目标，旨在全力提升本市水域市容环境卫生面貌。

上海城投环境（集团）有限公司是如何参与城市公共水域的垃圾分类的？

上海城投环境（集团）有限公司（简称上海城投）是市管水域保洁和黄浦江、苏州河干流水域水生植物整治的作业单位，也承担着内河船舶垃圾的接收作业，是上海城市公共水域的垃圾分类收集、分类运输、分类处置的主要责任人之一。

在水域保洁作业中，除了常规的水生植物和水面漂浮垃圾以外，我们重点加强了对塑料垃圾的分类打捞，包括在水面航扫作业中对漂浮塑料垃圾进行分类收集，以及通过在支流河口、码头夹档等垃圾易聚集点布设围油栏、聚集筏等设施，借助水流、风向引导塑料垃圾聚集后再开展定点打捞。

在船舶垃圾接收方面，为达到垃圾分类收集的要求，我们对现有船舶进行改造，设置分类隔舱，同时在收运各环节明确作业规范和基础台账等，做到全程分类"闭环管理"。

这几年在黄浦江、苏州河核心水域已经很少见到水生植物大量泛滥的场景了，是不是说明水生植物污染已经得到了根治？

并不是。上海是沿海城市，处于长江及各中小河道的下游，上游河道水生植物会随着落潮一路下行，对黄浦江、苏州河核心水域造成一定污染。

为了确保黄浦江、苏州河核心水域不受水生植物污染，结合历年水生植物暴发情况，我们在不确定中总结规律，围绕"控源头""捞苗头"形成了一套行之有效的保洁模式，提高了水生植物整治的针对性、有效性。

在"控源头"方面，我们在黄浦江、苏州河上游段成立了青浦和泖港两个作业基地，在外省市相关单位的大力配合下，共同对上游的水生植物进行全面拦截，将大部分的水生植物"歼灭"在上游处，从源头上确保了黄浦江、苏州河核心水域整洁、有序。

在"捞苗头"方面，根据水生植物在温暖湿润环境中呈几何级数爆发的特性，我们延长了水生植物打捞周期。在水生植物爆发前的春夏之交，提前打捞水生植物幼苗，在水生植物爆发后的冬春时节，继续打捞水生植物残根，从而控制水生植物的基础底数，减少水生植物爆发期间的总量。

除此以外，为了减少田间水生植物排放对水域造成的污染，政府管理部门落实"堵田头"措施。一方面在田间排水口处设置拦截设施；另一方面推出了"田间教室"系列宣讲，宣传田间水生植物再利用与污染防治的技巧。

黄浦江、苏州河市管水域的保洁作业有什么难点？

通过分析历年来黄浦江、苏州河的风向和潮汐规律，我们发现黄浦江、苏州河水域的滩涂、凹档会变成水面漂浮垃圾的主要聚集地，这些地方是水域保洁作业的主战场，也是水域保洁作业的一大难点。

对此，我们在政府管理部门的指导下，开展了多次调研考察和实地排摸，围绕"净滩头""清弯头"探索建立了水域保洁作业新模式。

在"净滩头"方面，我们投入大量人力，每日巡视滩涂污染状况，加大滩涂保洁力度。尤其是对黄浦江两岸45公里岸线公共空间范围内的滩涂及易聚集点、拦截点的垃圾每天开展地毯式整治和定点清除。以陆家嘴滩涂为例，主要措施有三：一是保持每天在低潮位约2小时的人工登滩捡拾垃圾；二是沿垃圾聚集区段建设栈桥，以便工人打捞水面聚集的漂浮垃圾，减轻工人在滩涂跋涉行走的艰难；三是引进水陆两栖车进行滩涂作业，探索现代科技条件下滩涂水域保洁新方法。

在"清弯头"方面，我们通过在黄浦江外滩陆家嘴处大弯、徐汇滨江龙耀路弯头、春申港上中路隧道处弯头等"弯头"处设置聚集阀、库区等设施，对漂浮垃圾进行拦截，有效提升水面漂浮垃圾打捞效率，大大减少了漂往下游水域的垃圾量。

对于水域上的船只，也就是"漂浮的垃圾源头"，如何控制垃圾产生和排放呢？

我们称为"管船头"，主要是对船舶上的船民开展垃圾分类宣传，并实施垃圾分类收集、分类运输、分类处置。

我们首先根据上海市生活垃圾"四分类"的要求，对船舶垃圾接收作业船舶进行了相应的改造，使其具备垃圾接收条件。同时对作业人员进行垃圾分类知识培训，确保在作业转运过程中严格按照分类要求进行操作。其次结合船民需求发放由政府管理部门制作的宣传资料，提升船民的船舶垃圾分类意识，引导船民准确分类和投放。最后由政府管理部门对我们的作业质量、作业规范、作业频率、基础台账、安全生产等方面开展全面检查，促使我们不断规范作业行为，做到应收尽收、全程分类，防止船舶垃圾污染水域。

除了上海城投提到的那些措施以外，在维护好上海水域市容环境方面，作为政府管理部门还有哪方面的措施呢？

我们常说"水环境污染，问题在水里，根子在岸上"，想要治水就要从根子上抓起。

这些年，除了"控源头""捞苗头""堵田头""净滩头""清弯头""管船头"之外，我们还以"抓岸头"为重点，着力推进了水域责任区管理工作。我们构建了市、区两级管理体系，督促全市水域两岸相关单位有效落实责任区管理要求，做好垃圾分类，确保"垃圾不下河"。

除此之外，我们还通过招募社会监督员进行水域环境监督，组织护河志愿者开展保护母亲河志愿服务，落实第三方实施水域市容环境卫生质量评价等措施，进一步促进水域市容环境卫生质量提升。

两网融合，
助力源头减量低碳转型
Cutting Waste and Reducing
Emissions at the Source

时尚赋能垃圾回收，嘉定老城垃圾站变文创中心

廖琳 / 上海市嘉定区嘉定镇街道城市建设管理事务中心

位于嘉定老城区的全国文明城镇——嘉定镇街道，积极探索将社会参与、公众参与等社会化治理元素引入垃圾分类治理领域，"变废为宝做 + 法"，创建可回收资源的回收再利用的社会治理项目，取得了一定成效。

2020 年，嘉定镇街道与上海城投环境（集团）有限公司合作，利用清河路上一处闲置已久的老旧房屋，打造出嘉定唯一一家封闭式的"两网融合"可回收物回收中转站。2021 年 3 月，又在可回收物回收中转站内，推出了上海首家开在垃圾站里的环保时尚文创中心——"拾尚创新嘉 +"，打造出一个新潮的垃圾中转站地标。

上海首家开在垃圾场里的环保时尚文创中心——"拾尚创新嘉 +"
上海市嘉定区嘉定镇街道城市建设管理事务中心供图

文创中心的设立，给基层的垃圾分类以及可回收物回收方面做足了"+"法，体现了社会治理的新模式。

垃圾中转站变文创中心，甚至是社区中心，是怎么做到的？

确实，垃圾中转站里有个文化中心，打破了市民对于垃圾中转站的固有印象。首先，我们给环境做"+"法，使垃圾中转站旧貌换新颜。经过几个月的装修，原先的老旧房屋发生了质的改变，变得舒适整洁、窗明几净。崭新的落地玻璃，采光充足；简约大气的内部装饰，功能齐全。破旧不堪的老房子变成了整条街上"最靓的仔"，由内而外焕发出新意。

在这里，市民看不到传统意义的垃圾，也闻不到想象中的异味。一进门，首先看到的是吧台区，主要用于访客登记与饮品制作，也为户外工作者免费提供茶水；旁边的休息区，配备多组沙发为来访的宾客提供休息和会谈的场所。

周边的居民对这个"新房子"也很感兴趣，不输于咖啡馆的内部空间。有党建活动室，可开展党员建设活动；还有图书阅览室，二手书籍回收之后消毒上架，还可以借阅。居民有闲暇时间在此单纯的坐一坐、聊一聊，也可以休闲一下午。

其次，我们给空间做"+"法，设置多位一体的空间区域。"拾尚创新嘉+"的文创区面积约有 600 平方米，作为一个在垃圾中转站里开辟出的文创中心，运营两年多以来，经过不断升级打造，已经成为一个集可回收物回收、科普教育、以物易物、图书阅览、旧物展览等"多位一体"的资源回收利用体验空间，成为垃圾中转站中的时尚地标，也带动了可回收物中转站回收量的增加。2023 年，嘉定镇街道引入社会组织"番茄花园"，在"拾尚创新嘉+"推出了"小绿宝在行动"等青少年环保科普活动，获得了不错的反响。熟悉这里的居民，时不时约上几个朋友带上可回收物过来，既可以在垃圾中转站现场回收来赚点小钱，也可以在回收活动中，以物易物来换点书籍和小礼品。

其中的体验活动是怎么设计的？据说很多人在垃圾中转站读到了"个人史"？

我们给创意做"+"法，组织资源回收利用的体验活动。目前文创中心正在开展"旧物品展览"，里面摆放具有纪念意义的上海嘉定区特有荣誉、物件、照片。这些物品都是居民友情赞助的，藏在居民家中多年的旧物件在这里发光发热起来。在展示橱窗里，有一枚罕见的"嘉定县人民政府抗灾纪念牌"，这是退休职工冯品朝的收藏品。冯品朝说，这可是他珍藏的宝贝，没想到第一次正式展出竟会放在街镇的可回收物回收中转站里。家里没地方，平时只好藏着，现在有这么多人看，旧物品发挥了大作用。

像老冯这样"私藏"丰富的居民，在周边还有不少，大家听闻垃圾中转站里开了展区，平时来这垃圾分类时就留了心眼，把可回收物里自己觉得有价值的老物件挑出来，扔垃圾的时候顺便交给垃圾中转站的管理员。不少市民还带孩子来参观，感受时代变迁，铭记嘉定历史。目前中心还推出了每周一次的环保亲子活动，可以在彩贝壳、麦淘等 App 上预约。

我们给资源利用做"+"法，在源头上提升资源回收利用率。通过"再生资源处置展示区"，展示可回收物的循环过程。在展区还有牛奶盒制作的座椅，废纸盒做的沙发等。

市民们通过感受可回收物变废为宝的神奇经历，以及解读一件"垃圾"的前世今生，对垃圾分类、废物利用的工作有了更深刻的认识。有的居民甚至回到家就开始翻箱倒柜，看看自己家里还有什么物品是属于可回收利用的资源，整理打包后带到我们文创中心进行回收。

通过每个居民一点一滴地积累，垃圾站自启动以来，每个月回收不同种类可回收物从 10 吨增加到目前的 20 吨左右。

据说清河路文创中心是全市罕见展示分拣高科技的宣传点？

我们给效率做"+"法，进行智能分拣机器人的科普。在"分拣车间"里，我们配置了一台智能可回收物分拣机器人及智能塑料瓶回收机，用来展示垃圾分类高科技设备，从中可切身体验垃圾分类的神奇。把塑料瓶、纸板、易拉罐等放到传送带上，分拣机器人就会通过机械臂自动进行分类，并把不同可回收物扔到对应种类的收集筐内，从辨认到完成归类，平均每个可回收物仅需一两秒。

市民在亲眼见到如此智能高效的垃圾分拣过程后，纷纷赞不绝口，新奇之余，又分享给邻里。一传十，十传百，来文创中心参观的市民络绎不绝，这也让垃圾分类、废物利用的工作变得事半功倍。

宣传环保上又有什么特色？

我们给环保宣传做"+"法，举行多元化亲子活动倡导低碳生活。文创中心积极参与到碳达峰碳中和、青少年科普等行动，每个月都举行环保类亲子活动，让孩子们成为环保行动派。通过环保小讲堂、废弃物回收利用小手工、玩具旧书互换、智能机器人体验等活动，倡导低碳生活，告诉孩子们不要浪费，争做节约资源的好孩子，让孩子们在体验环保的同时，树立垃圾分类的意识。

这能够帮助孩子们养成垃圾分类习惯，让"绿色、低碳、环保"的理念深入孩子们的心田里，生根发芽。通过居民的宣传和推荐，"拾尚创新嘉+"吸引了不少宝妈宝爸，周末带着孩子前来参加亲子科普活动，寓教于乐。孩子们在倾听和动手的过程中对垃圾分类、低碳环保的理解更深入了。

垃圾站通过时尚元素变成了文创中心，然后又变成了一个多元参与、多方共治的社区中心，是否可以这样理解？

垃圾分类"小事不小"，既体现了社会文明的提升，又体现了政府治理效能的提升。随着社会主体日益多元化，市场机制及社会机制的作用日益重要，社会治理不是政府独自承担的任务，只有将广大居民充分动员起来，充分发挥社会力量，我们的社会治理才能达到较好的效果。

"拾尚创新嘉+"文创中心以街道基层政府为主导，通过引入上海城投环境投资（集团）有限公司，采取市场化的运作模式，在辖区内一定程度上解决了可回收物回收碎片化、松散化、片面化的问题，有效破除了以往"散兵游勇"的回收方式。文创中心还通过创意空间、科学布局、特色体验，引导居民积极自愿加入垃圾分类工作中来。

总而言之，"拾尚创新嘉+"文创中心通过把党建引领和居民自治、社区治理和公共服务、公司运营和科技支撑、社工队伍和社会力量等制度，有机地串在一起、连成一片、融为一体，打造社区治理共同体，不断提升综合治理成效。

闵行七宝"以物易物"，
推广低附加值可回收物循环利用

王瑾／上海市闵行区七宝镇城市建设管理事务中心

低附加值可回收物，如玻璃瓶、纺织品等，回收利润低，长期以来都是比较尴尬的存在。但是随着垃圾分类的推进，高科技让低价值废弃物回收迎来了新的春天。

上海市闵行区七宝镇文化广场举办废弃物回收公众活动
上海市闵行区七宝镇政府供图

为更好地促进循环经济发展趋势，闵行区七宝镇政府结合居住区、单位实际情况需求，拓展了可回收物服务规范，制定了多样化的项目方案，如物品兑换和交易。目前已有九所学校推进低附加值可回收物回收系列活动，通过学生带动家庭促进资源循环利用。

低附加值可回收物循环利用理念，在居住区如何推广？

为更好地宣传资源循环利用的理念，从源头分类上促进居民针对低附加值可回收物的收集与分类，七宝镇采取以点带面，层层递进的模式开展低附加值可回收物回收兑换活动。我们选取闵行市民文化广场、红馆、闵行文化公园三个场所作为固定活动点位，不定期开展低附加值可回收物兑换活动，并配合相关的互动游戏。

而后我们以小区为单位，开展低附加值可回收物兑换活动。活动基本以居民日常使用的物品：肥皂、餐巾纸、花露水等作为兑换物资，同时还会根据季节性及居民的实际需求随时调整兑换物品的品类，以多样化的选择进一步提升居民的参与率。居民带着家中的玻璃瓶、塑料制品、纸类废品、废旧衣物等低附加值可回收物——称重兑换心仪的物资礼品。若居民年迈腿脚不便，工作人员可随居民上门整理旧衣物并搬运至活动现场。

值得一提的是，我们还结合七宝镇独有的再生制品——绿宝瓶，指导居民将玻璃瓶投递至小区专有的玻璃瓶收集容器内，促使可回收物细化再升级。

目前，低附加值可回收物回收活动已全面覆盖 148 个小区，共计开展活动 300 多场，平均每场次收到 300 公斤左右低附加值可回收物。参与的居民不仅可以在活动中了解可回收物的基础知识，更加熟悉可回收物品类分类方法，同时，还能进一步促进居民们细化分类习惯的养成。

参与活动的居民阿姨表示："通过此类低附加值可回收物活动的开展，家中堆积已久的废旧衣物都能够得到有效处置，同时换取了实用的日用品，给我们老年居民带来了很大的便利和实惠。"有的阿姨在旁边也补充道："垃圾分类是日常生活的一部分，与街镇居民的积极配合密不可分，我们会积极响应政府号召，做好日常分类工作。"

相比居民区，低附加值可回收物循环利用理念在学校的宣传有什么不同之处？

以"孩子带动家庭，小手拉大手，垃圾分类齐步"作为方针，七宝实验小学在校园内设立了乐回收垃圾分类收集指导中心，以色彩分明，美观大方的集装箱细化了可回收物收集存储方式。在这里，每周一至周五都制定了不同的收集内容，周一是废旧纺织物，周二是废纸张，周三是废塑料，周四是非金属和玻璃，周五是有害垃圾。一周中不但列举了各种可回收物和有害垃圾的主要物品种类，还详细说明了不同物品的处理方式。

不仅如此，学校更是设立了奖励机制，学生们在可回收物的垃圾箱里投放的可回收物达到一定量时，就可以在老校区的生态棚里种植一棵由他们自己来冠名的种植物。

2021年4月9日上海市闵行区七宝明强第二小学启动了"绿色回收校园行，低碳环保我最行"的校园回收活动，至此，七宝镇校园可回收物回收系列活动正式拉开了序幕。

前期，七宝镇城建中心准备了"绿色存折"资源回收积点卡和活动倡议书，分发给启动活动的老师们手中，做好预热宣传及告知后，回收活动定期在校园展开，设置每周固定时间为资源回收日，根据每位同学携带的可回收物量给予每次1—3个积点贴纸的奖励。

活动现场分类告知牌、分类筐、分类墩布袋布置得井然有序，同学们纷纷一手提着可回收物，一手拿着资源回收积点卡，有序的队伍，有爱的同学。"因为可回收物是蓝色的，所以回收筐也是蓝色的""积点贴纸的图案都是可回收物的标志呢"，井然有序的队伍中出现了此起彼伏的讨论声，同学们参与热情高涨。每场活动的低附加值可回收物由镇级"两网融合"第三方收运，做好台帐，由学校确认。

每个月由相关人员将每个学校的学生投放的低附加值可回收物产生的费用清单交给教委，相应的经费交给学校负责人。每个学校根据自己的实际需求将经费用于采购学生文具用品或其他所需。

明强二小更是采取校园特色模式来进行兑换，积点贴纸累积，以一学期兑换一次的形式来进行。据悉，奖品有蝴蝶勋章、校园虚拟现实（VR）

体验、做升旗手、星星电台才艺展示以及与校长老师共进午餐等形式。

在推进学校低附加值可回收物回收系列活动时，由于活动开展时间较早，我们特地邀请学校老师、家长以及学生志愿者共同对现场秩序进行维护。活动当中对学生分类分辨能力不高的部分问题，针对性开展专项培训活动，加强师生的垃圾分类回收意识，提高对可回收物的知晓率及处理能力。

那么，在购物中心，低附加值可回收物循环利用理念又是如何实践的呢？

购物中心中最常见的低附加值可回收物是饮料瓶。为加快推进可回收物细分类，促进公共场所可回收物专项回收，汇宝购物广场率先投放了饮料瓶回收设备，"定点式"投放，提高居民参与率。

机箱上贴有使用说明，居民可以按照上面的指引正确进行废弃塑料瓶投放，仅需一个简单的投掷动作即可为环保奉上自己一份绵力。而被投掷的塑料瓶，则被赋予了"第二次生命"，从而完成绿色再生，进入循环经济。

居民的每一次投递都会有相应的奖励，完成投递后根据屏幕指示，可领取饮料等产品优惠券。通过回收、反馈这样一个过程，打造可持续生活方式，走可持续发展道路，建设节约型社会，营造文明、绿色七宝。

推进购物广场低附加值可回收物回收系列活动时，因回收与奖励过程需要在设备上进行操作，我们在机器上张贴使用说明，不断优化投递和引导过程。结合广场人流量大的实际情况，我们还定期对设备运行和储存情况进行巡查，保障设备正常运行，提高对可回收物的及时清运能力。

如何调动居民的热情，参与居住区低附加值可回收物回收活动？

小区居民参与热度是提升回收量的关键，对此我们会在每场活动后进行相关经验总结。为了更好地开展宣传活动，不断提升参与热度，预热视频、预热推送和现场张贴活动资讯等前期宣传方式应运而生，这些宣传举措使活动推进更加顺畅，现场人气更加高昂。

2019 年 6 月，启动"七宝镇绿色账户积分兑换小区便民服务启动仪式"，"绿色账户"以"分类可积分、积分可兑换、兑换可获益"为理念，以居民日常干湿垃圾分类行为为激励重点，建立、完善居民生活垃圾分类"绿色账户"积分激励机制，鼓励居民增强生活垃圾正确投放的意识。

2023年，开展"'零拷'进社区 低碳新生活"主题活动，"零拷"的消费行为在当下被赋予了环保的新理念。居民可通过交投可回收物，换取无包装的生活用品，如洗衣液、洗洁精等日常用品。通过以物换物的方式实现垃圾源头减量，减少过度包装消费，从而达到减塑减碳的目标，打造低碳高效的绿色七宝。

崇明庙镇交投可回收物赚"买菜钱"，成农村生活新时尚

朱颂华 / 上海市崇明区庙镇生态保护和市容环境事务所

上海市崇明区庙镇两网融合回收服务点
上海市崇明区庙镇生态保护和市容环境事务所供图

在"两网融合"建设中，庙镇引入第三方专业公司，深入农村社区，通过实地观察、询问居民的方式了解可回收物体系不顺畅的原因，在庙镇镇区开设了可回收物服务点，"统一标识、统一车辆、统一服装、统一衡器、统一服务"，进一步提升了居民的交投热情。

如今，一大早利用买菜的时间进行可回收物交投赚一点"买菜钱"是庙镇居民的"新时尚"生活。

出于什么考虑，选择第三方机构负责分类有偿回收？

庙镇"两网融合"中转站，负责回收本镇区域内 28 个村、3 个居委会辖区内的可回收物。31 个居（村）都设有独立的"两网融合"服务点。我们选中上海嘉德环境卫生服务有限公司（简称公司）作为"两网融合"中转站第三方运营公司，通过一年左右的磨合，建立起"居（村）回收服务点、镇级中转站储存、区级散场规范处置"的资源物流体系，按照政府补贴的原则，实行分类有偿回收。

庙镇原来的"两网融合"服务点回收人员由村委会工作人员兼任，工作人员繁忙、业务不精导致可回收物回收量较低。公司接手庙镇"两网融合"中转站的运营后，利用一个月左右的时间，对每个居（村）的可回收物回收情况进行了收集整理。同时深入农村社区，通过实地观察、询问居民的方式了解可回收物体系不顺畅的原因，与庙镇市容所一起协商共同制定解决方案。

公司运营后，由公司派人运营"两网融合"服务点，这些工作人员在上岗前都经过专业培训，充分掌握可回收物的品类名称及其对应的回收价格。工作人员均做到了"统一标识、统一车辆、统一服装、统一衡器、统一服务"的"五统一"规范，让原本在老百姓眼中"脏乱差"的废品回收工作"高大上"起来，提高居民可回收物交投的积极性。

农村的生活聚集点往往是集镇，如何鼓励村民去镇上投放可回收物？

公司发现庙镇的镇区人流量较大，相对于农村地区较"偏僻"的"两网融合"服务点，村民更愿意在热闹的镇区进行可回收物交投，公司根据这一情况先行先试，在庙镇镇区开设了可回收物服务点。服务门店的选址、装修甚至是物品摆放方式都经过精心设计，同时增加了宣传科普内容，进一步提升了村民的交投热情。

如今，一大早利用买菜的时间进行可回收物交投赚一点"买菜钱"是庙镇村民的"新时尚"生活。有个老伯连续两次早上6点就打来了电话，说要交投可回收物，而我们服务营业时间原本是早上7点开始的，那会他早上6点刚好去到菜场买菜。村民上菜场买菜、上超市买东西，顺道将可回收物交投至服务网点，卖掉了再去买一斤肉、买两瓶酱油等。为了配合村民的生活习惯，回收门店从早上7点提前到早上6点。

曾经有一位大姐走上来说："你们开的这个店真好！方便了我们老百姓，为老百姓做了好事！"大姐朴实无华的话大大鼓舞了公司的工作热情。

回收服务门店不达标的话会有关停政策吗？

经历一年时间的运行，庙镇的可回收物回收体系已十分顺畅，无论是可回收物回收量、还是回收质量，都有很大的提升和改善。

经优化整合，淘汰了一家运行不佳、回收量少的回收服务门店。提高保留下来的两个门店，以优质的服务、便捷化交投吸引居民前来交投，现该两个回收服务门店每月回收量均达到18—25吨左右。

垃圾分类工作、可回收物回收再利用，是一项持之以恒的工作，不是一朝一夕就能达到最终效果，也不是全靠口号和宣传就能打赢的攻坚战。我们更多的是要秉承初心，去发掘存在问题，去了解实施中的困难和阻碍，以为人民服务为出发点和落脚点，不断提升服务质量。

徐汇"梧桐"智能交投回收站,
便利社区上班族

黄莲海 / 上海市徐汇区湖南街道城市建设管理事务中心

　　垃圾分类企业以政府为主导运行,须关注市场和政府如何更好地融合、协同,机制如何更深地融合。

　　2021 年《上海市 2021—2023 年生态环境保护和建设三年行动计划》(简称《行动计划》)中提出,要培育一定规模和数量的回收龙头企业。其中"梧桐资源空间"是徐汇区湖南街道办事处委托"两网融合"主体企业在徐汇区运营的"两网融合"示范点,2019 年 6 月投入使用后,受到了辖区居民、周边白领的广泛好评。

上海市徐汇区湖南街道"梧桐资源空间"
上海市徐汇区湖南街道办事处供图

这次实践的成功，奠定了徐汇区未来与两网主体企业合作的基础，并计划建设更多站点，辐射所有街镇，打造"点、站、场"的可再生资源回收链。

"梧桐资源空间"的功能什么？具体如何运作？

"梧桐资源空间"是徐汇区首个智能人工交投的资源回收站，具备垃圾分类宣传、"绿色账户"服务、再生资源交投等复合型功能，面向居民区、公共机构和相关企业，提供"玻璃、金属、塑料、纸张、织物"等再生资源全品类一站式回收，并通过公开回收价格、回收种类等信息，方便居民实现垃圾分类的精准化。

每种可回收物的回收价格都"明码标价"公示在站内，方便附近居民和商户进行"玻璃、金属、塑料、纸张、织物"等可回收物的交投。居民还可以通过手机扫码投递到智能回收箱里面来获取相应积分，积分可就地兑换通过"废物利用"制作的小礼品。对于回收量比较大的居民和商户，该站还提供上门回收服务。该回收点位服务范围约 3 公里，每天可回收 500 公斤可回收物。

梧桐资源站可以为周边居民提供哪些便利？

东湖路梧桐资源站（东湖路 37 号）配备 24 小时智能自助交投机，为早出晚归的上班族提供了便利。五原路梧桐资源站（五原路 236 号）开设了展示区，向居民传播环保理念、普及垃圾分类知识，进而推进资源全面节约和循环利用；并定期举办讲座、开展活动，来增加互动体验，提高居民分类意识。

从"四分类"到"六分类",
浦东花木源头减量精细化

谢婷婷 / 上海市浦东新区花木街道社区管理办公室

花木街道经历了多年的生活垃圾分类,目前已进入到精细化分类阶段,将"断舍离"的简约生活哲学融入日常生活工作中——促进生活垃圾源头减量,提升人们的环保意识,践行再生资源循环利用的时尚新生活。

在居民群众的鼎力支持下,花木街道辖区内已全面实现"六分类",还细分出餐前餐后湿垃圾和旧衣服两个小分类,逐步探索出了一条居民区垃圾分类精细化提升的新路径。

上海市浦东新区花木街道进一步细化湿垃圾分类
上海市浦东新区花木街道办事处供图

为什么会在"四分类"之上又增加了分类模式？

　　　　垃圾分类标准并非一成不变。这并不是说"四分类"不好。上海实施的"四分类"是向社会广泛征求意见后，得到肯定最多的标准，也是当下最能匹配末端生活垃圾处置实际情况的标准。但不能排除将来有更适合的标准来取代"四分类"，这由垃圾末端处置和资源化利用的途径和能力来决定。

　　　　20世纪末，上海刚开始探索城市生活垃圾分类时，末端处置方式以填埋为主，最初是以垃圾是否容易降解、是否会对填埋处及周边环境造成不可逆的污染为主要原则进行分类。此后，末端处置方式逐步向填埋、焚烧、综合处理等多样化发展，垃圾分类方式也发生变化。2000年以后，上海采取"一市两制"的分类法——在焚烧厂服务地区实行"废玻璃、有害垃圾、可燃垃圾"的分类方式；在其他区域实行"可堆肥垃圾、有害垃圾和其他垃圾"的分类方式。那时由于可回收物价值低、收运处置体系运行不畅等因素，大量混入生活垃圾。但从2007年开始，上海在居住区实行"有害垃圾、玻璃、可回收物、其他垃圾"的分类方式。

　　　　上海世博会后，上海生活垃圾出现一个明显特征：有4—5成为食源性的易腐垃圾，即湿垃圾。借鉴台北案例，结合自身实际，上海从2011年开始在居住区推行以"干湿分类"为基础的"2+X"模式，这一模式演变成如今的"四分类"。随着末端处置技术的不断提高，分类标准还将调整，这也是上海在部分地区试点"六分类"，花木街道作为试点之一的原因。

花木街道对于湿垃圾的处理如何做到精准宣传、引导投放？

　　　　街道首先对"餐前湿垃圾"和"餐后湿垃圾"概念向居民作了定义和解释，其次将餐前餐后湿垃圾两种不同处置流程以图表形式加以标示，印成单页宣传到户，告诉居民餐前湿垃圾做出的有机肥是花草树木的"最佳拍档"，并且可以将做成的有机肥返还给居民，让参与的居民更有成就感和获得感。

　　　　在投放过程中，志愿者在点位上的引导和鼓励，逐步让居民熟练掌握了餐前餐后湿垃圾的分类知识，起到了事半功倍的效果。目前，花木街道所有小区已全面实施餐前餐后湿垃圾的分类，投放率在90%以上，准确率也在90%以上。

餐前餐后湿垃圾的去处是哪里？

我们采用的是"就地堆肥"的模式。为真正实现湿垃圾源头减量闭环，街道社区管理办公室经过综合分析、实地调研、会商研究后，选择了一种小型有机化肥处理机，直接安放在有场地条件的小区。餐前湿垃圾短时间内就可就地转化为有机肥免费反馈给小区居民或物业用于花草植物栽培。

对于部分没有条件摆放机器的小区，街道就近设置集中处置点进行餐前湿垃圾集中处理。多余的有机肥，街道联系到了松江的蚯蚓养殖农场进行回收利用，农场也会回馈给居民一些新鲜果蔬，广受居民欢迎。这样就做到了餐前湿垃圾不出街道，让街道环境得到了改善。

对于旧衣物和纺织品，花木街道如何与企业合作，建立完善的回收体系？

旧衣物堆放在家里或是丢弃到垃圾箱，都会造成资源浪费。因此街道向所有企事业单位和辖区内居民发出倡议：捐一件衣物。倡议不仅响应了绿色环保的理念，唤醒了人们的环保意识，还呼吁大家共同加入低碳生活行列，体现了社会的关爱，有利于构建和谐社会。

为充分利用旧衣物资源的同时保证旧衣物再利用的安全卫生，花木街道建立了完善的旧衣物回收体系：对于高质量的衣物，会经过翻新、消毒等工序处理，然后通过爱心机构将衣物捐赠给有需要的群体；而对于质量一般的衣物，则经过末端工厂处理后进行材料再利用。

在上海浦东新区花木物业公司和上海金桥再生资源市场经营管理有限公司的大力配合下，花木街道还在六大社区开展了以"简·生活、爱·传递"为主题的环保公益衣物回收全覆盖活动。花木街道所有居委会广宣传、勤发动，定时举办废旧衣物回收活动，通过回收衣物的方式把居民家中闲置的旧衣服集中到花木街道可回收物中转站。在那里，工作人员会统一对旧衣物进行紫外线消毒、流水线分拣，最后送到有需要的人手中去。

花木街道还与浦东援藏、援疆、援滇对口帮扶工作相结合，让居民的爱心公益与垃圾分类源头减量无缝对接，将回收衣物送到最需要帮助的当地居民手上，实现两地居民鱼水一家亲的温馨愿景。这也是花木居民对绿色低碳、简约环保生活方式的大力支持和充分践行的体现。

现在街道居民已经习惯了"六分类"吗？

是的。街道如火如荼开展垃圾"六分类"工作，越来越多的居民实现了从最初的犹豫、嫌麻烦到如今的"举双手赞成"、积极参与的转变。居民们从花木街道推行的垃圾"六分类"环保细则中真正感受到了变化和获得感，因为他们亲眼看到了自己种的花用上了自产的有机肥料，逐渐体会到了花木"简·生活、爱·传递"活动带来的满满幸福感。

科技赋能，
"一网统管"贯穿全程分类
Technology and Unified Management

长宁虹桥街道"一网统管"，
推动垃圾分类数字化转型

李菲 / 上海市长宁区虹桥街道城市运行管理中心
梁浩杰 / 上海市长宁区绿化和市容管理局

长宁区虹桥街道作为全市首个整区域推进生活垃圾分类试点之一，自2020年以来，按照区委"做好垃圾分类始终走在前列"和全力推进"一网统管"建设的要求，探索垃圾分类工作的长效机制。

街道积极依托数字化转型，通过"一网统管"模式，从散落小包的智能识别，到依托城运平台案件系统，形成"发现—派单—处置—结案—反馈"的闭环管理流程，再到智慧清运，特别是在建筑和装修垃圾的处

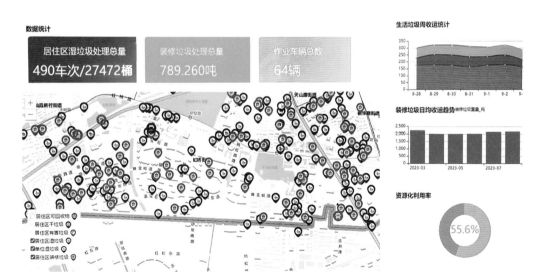

上海市长宁区虹桥街道依托一网统管，加强垃圾分类管理
上海市长宁区虹桥街道办事处供图

理上,形成了"立案派遣—调度处置—清运反馈—归档结案"的线上业务流程闭环。

虹桥街道如何依托"一网统管",提升垃圾分类管理实效?

虹桥街道在区绿化和市容管理局与区城市运行管理中心的指导下,于 2020 年 4 月研发上线了虹桥街道"一网统管"垃圾分类专页模块,并为全区街镇版垃圾分类"一网统管"专页提供了有效的参考。投入使用以来,通过人员管理、地图定位、案件管理、问题统计、实效评估、状态管控六大模块的功能运用,达到了"三全三实时"的工作效果,即人员力量全纳入、巡查点位全覆盖、处置流程全闭环、问题实时尽发现、实效实时尽显现、趋势实时尽分析。

过去从"发现问题—上报问题—处置问题—问题办结"需要经过人为联系,往往存在沟通效率低、工作推脱等情况,一个完整的处置流程最快需要 2 个小时左右。现在借助"一网统管"平台压实人员责任,各方联动联勤,节省以往沟通联系的时间。各项工作线上展开,一个完整的处置流程最快仅需要 15 分钟。

过去针对居民区小包垃圾较多的现象,主要是通过志愿者在"两定时间"以外值守投放点位,引导居民正确进行垃圾分类投放行为。该监管行为透支了基层大量时间与管理成本,且成效低。现如今,垃圾箱房探头接入"一网统管",有效遏制了随意丢弃现象,引导居民正确进行垃圾分类投放行为,增强社区居民低碳环保意识。

垃圾箱房的智能探头如何工作?

虹桥街道持续推动垃圾箱房探头安装,叠加后台算法和人工巡屏,不断探索小包垃圾"人工 + 智能"的监管模式。一是广覆盖,在 45 个小区(占街道小区数量一半)的基础上,新增 29 个商品房小区投放点位探头建设。

二是一网管,在区城市运行管理中心的支持下,努力探索将垃圾箱房探头接入"一网统管",通过城市运行管理平台智能算法,对散落小包垃圾进行智能识别和报警；依托城市运行管理平台案件系统，形成"发现—派单—处置—结案—反馈"的闭环管理流程。

三是抓实效，先期虹储小区率先试行了智能探头发现报警、自动平台派单、自动结案等流程，取得了良好效果。今年，我们将力争实现所有智能探头具备发现报警功能，通过后台人工筛选，向现场管理人员派单的"即发即处"模式。

"一网统管"如何体现在垃圾智慧清运上？

2020 年 11 月，虹桥街道作为首个长宁区生活废弃物全过程智管平台的试点单位，在区绿化和市容管理局的指导下，推进垃圾清运工作向数字化转型升级。街道将 222 个湿垃圾收运点位，90 个居民区装修垃圾清运点位，以及 2 条居民区湿垃圾清运路线纳入监管平台。2021 年 6 月，街道在区绿化和市容管理局统筹部署下，积极推广智能建筑垃圾收集箱，通过因地制宜推广"拉臂箱"，有望解决居民区建筑垃圾清运难点问题。

智慧清运打开了数字化转型背景下垃圾清运工作的新局面。实现湿垃圾清运站牌化，系统预排居民区湿垃圾清运线路和到达时间，减少垃圾桶外放时间，确保衔接精准，垃圾桶在外滞留的时间也由过去放置半天左右缩短至 30 分钟以内。就连装修（大件）垃圾清运也可以预约，形成"立案派遣—调度处置—清运反馈—归档结案"的业务流程线上闭环，有效解决过去社区装修垃圾清运不及时，作业不精细等难题。居委会干部、社区居民普遍反映较好。

通过"一网统管"进行垃圾管理，解决了哪些问题？

探索实现"一网统管"平台和智慧城管执法平台的数据交互，解决以往管执脱节、取证脱节、数据脱节等难点问题。

过去从发现问题到申请执法保障之间存在时间差，被管理对象换阵地、打游击，违法现象难以抓现行。现在日常管理与执法保障无缝衔接，证据当场固定，案件经政务微信实时发起，执法 App 收到即可立案，将"敌退我进"地抓动态，变成"管执联动"的保常态。平台之间实现互通后，借助系统派单的强大优势，实现问题发现和上门执法的点对点无缝衔接，具体管理人员发现问题，城管巡逻队员处置执法，整个案件办结仅有 2—3 名人员的参与，相比以往牵动各方力量的管理难题，如今在最低层级、最早时间，用最小的行政成本得以解决。

奉贤青村探索智慧新手段，打造闭环管理新体系

魏娜　张慧娜 / 上海市奉贤区青村镇城市建设管理事务中心

运用数据智能技术推动城市管理创新，加快智慧城市建设，是当今时代的主旋律。在垃圾分类的前端，依托物联网的智能化设施不断应用，使得分类有标准、监管有手段。同时在前中端的结合处，结合多部门线上线下联合运作，得以实现垃圾减量化、资源化、无害化精细管理。

自 2019 年《条例》实施以来，作为经济实力与文化底蕴相结合的历史古镇，奉贤区青村镇积极探索科技智慧新手段。经过智能化运作改善，

上海市奉贤区青村镇智能分类垃圾房
上海市奉贤区青村镇城市建设管理事务中心供图

我们重新定位了青村镇垃圾分类工作，赋予了垃圾分类新概念，挖掘了新功能，并取得了显著成效。

什么契机使得青村镇开始意识到，智能垃圾分类装置是有必要的？

以往的垃圾分类工作方式较为传统，没有志愿者的引导督促，在单一的功能设置下，容易出现分类不到位、居民配合度低、问题返潮等问题。

传统意义上管理垃圾站属于劳动密集型工作，一旦频次降低，就很容易造成"破窗效应"。因为接触桶盖不卫生，居住在张弄富苑的李阿姨以前扔垃圾都自带一副手套，而且以前较少的分类设置，找不到对应的垃圾桶，也让李阿姨非常为难，久而久之，索性不分类随意丢弃。"满载"的垃圾未及时处理，溢在桶外，大家都跟风随手丢在地上，时间长了，垃圾桶变成了垃圾"堆"，垃圾"堆"变成了垃圾"站"。

面对这些问题，我们意识到高效的治理离不开科技赋能，离不开互联网和大数据。垃圾分类作为惠民利生的大工程，不仅需要较大的人力、物力投入，在不断变化的时代背景下，更需要强大的科技力量支撑，为治理效能"保驾护航"。

2022年，张弄富苑设置了"生活垃圾定投智能装置"，打出了零接触、多功能、定制化的智慧型垃圾分类"组合拳"，实现了干垃圾、湿垃圾、可回收物、有害垃圾等多位一体的集成处理新模式。

可否讲讲智能化定投装置的细节？

自从青村镇在该小区设置了生活垃圾定投智能装置后，智能感应与无接触翻盖的功能组合，不仅打消了居民的卫生安全顾虑，而且提高了居民垃圾分类的便捷度和积极性。此外，智能设备的语音播报功能，也起到了分类提示、宣传引导的作用，大大提高了精准投放率。

智能化定投装置可以在投放后及时臭氧除味，使垃圾箱房周边环境得到明显优化；同时，任何一个垃圾桶满溢后都会自动报警，信息会第一时间上传到居委会或物业公司后台，提醒及时清运。多样化的功能选择，满溢报警装置，极大地促进了垃圾及时清运，让垃圾外溢、气味污染等现象得到了明显控制。

目前，试点小区已实现人均干垃圾减量约10%，社区小包垃圾落地数量直线下降，公共区域卫生情况得到了明显改善。

除了前端智能垃圾分类、中端智能监控，后端又有什么做法才能打造闭环管理新体系？

前端也需要智能监控。2021年，青村镇在各个村（居）垃圾箱房及投放点周边新增了30处智能监控设备，不仅能实时监控，更能进行目标任务设定，对违规投放行为进行抓拍、捕捉，为精细化奖惩机制落实提供了重要的执行依据。

2022年末，我们完成小区智能监管全覆盖，并深入对接"一网统管"平台，打造全覆盖、无盲区"一网管，一屏观"的智能化城市。这样前端的智能分类与终端的高科技运输便能无缝衔接。

在垃圾分类中端的储运环节，青村镇将环卫车辆搭载全球定位系统（简称GPS）以及重量感知系统纳入平台内，对运行轨迹与运载处置垃圾量实时监控，逐步形成源头数据管理清晰，人防、技防相结合的闭环管理体系。

精准分类后，还能实现可利用资源的循环再利用，特别是低价值可回收物的回收利用。在后端，生活垃圾中的废旧衣物粉碎后变为环保吸水棉，经过二次加工，制作成水培式"上房园艺"绿植底座。随后这些产品又返还给了前端，为垃圾箱房增添了艺术美感和文化气息，也为社区环境美化提供了创新思路和操作路径。

现在垃圾箱房的功能更多元了。生活常识、低碳理念的宣传内容融入让垃圾分类点位变成了可视、可读、赏心悦目的绿色驿站，垃圾分类点位逐渐变成了休闲联络、避暑、聊天、娱乐的好去处。通过下发的居民满意度调查表显示，居民综合满意度高达98%。

我们将始终贯彻"人民城市"理念，从源头根本上解决垃圾分类问题，在增强人民群众的获得感和幸福感的道路上继续探索市民愿参与、成本可控制、经验可推广的新思路、新方法。

科技加持，浦东创新社区智慧垃圾治理模式

施静怡 / 上海市浦东新区高行镇欣韵居委会

"智慧社区"，或称为数字社区治理，是党和政府提高城市治理水平，推动治理手段、治理模式、治理理念创新的重要手段。那么，这一治理工具是如何应用于垃圾分类工作的呢？

浦东新区高行镇依托"城市大脑 3.0"全域应用，从"更安全、更有序、更干净"理念出发，以新建动迁回搬小区——和欣家园、和韵家园为试点，在生活垃圾分类工作中充分发挥智慧管理模式的优势，打造"居委联勤联动微平台 3.0"，利用大数据全面赋能基层社区垃圾分类治理。

小区垃圾分类管理工作的难点和问题是什么？

作为高行镇试点小区，欣韵居民区的入住率目前达 70%。与许多社区遭遇的问题类似，其垃圾分类往往存在以下现象。

一是，垃圾暴露问题。在非投放时段内，仍会出现将小包垃圾扔在投放点位上。特别是小区入住初期，不少居民尚未完全养成生活垃圾定时定点投放的习惯，增加了此类现象。

二是，垃圾桶满溢问题。特别是每逢双休，小区内垃圾桶满溢频率高，易造成垃圾投放点位不整洁情况。

三是，人力组织问题。生活垃圾分类巡视监管工作往往需要消耗大量的时间和精力，仅靠居委会和物业公司的人员管理远远不够。此时社区内的志愿者作为社区的自有力量，需要积极行动起来。

数字治理技术能在哪些环节助力垃圾分类管理？

针对非投放时段的垃圾暴露问题，我们除了加强非投放时段内点位巡视和"巡捡"外，还在各个垃圾投放点位设置了智能语音播放设备。

上海市浦东新区高行镇试点垃圾桶满溢程度自动生成工单进行处理
施静怡供图

当生活垃圾未得到正确投放时，智能设备会自动识别，播放语音引导居民正确分类投放。

针对垃圾桶满溢和垃圾投放点位整洁问题，我们指导工作人员学习社区垃圾智慧管理方式，依托社区专属手机小程序的闭环管理警告功能，轻松掌握垃圾点位满溢情况，做到及时发现、及时处置，既处理好突出问题，又节省人力成本，进一步帮助工作人员合理安排工作时间。

针对人力组织问题。同普通社区的垃圾巡查不同，我们强调利用新智慧模式调动志愿者参与性。依托手机小程序"随手拍"，搭建居民"随手报"平台，以便捷的反馈方式，畅通的处置渠道，引导居民随时就地反映小区垃圾分类问题。"找茬＋接单"模式形成了各类问题解决的管理闭环，实现快发现、快响应、快处置。

同时，建立积分激励机制，在居民发现和处置问题的过程中，居民每发现一个问题或者完成一个任务都会得到一定的积分，在达到一定的积分数额后，可以抵扣非机动车充电费等志愿者的"优惠政策"，有效提升了社区居民参与志愿者工作的积极性。新颖的智慧巡查模式也调动了小区志愿者们的参与积极性。

在垃圾分类中，数字技术呈现有哪些方式？

欣韵居民区在生活垃圾分类工作中充分发挥智慧管理模式的优势，在使用智能设备的基础上，依靠"居委联勤联动微平台3.0"的力量，通过使用新型智能管理小程序召集小区志愿团队，基本实现生活垃圾分类源头治理。

和欣家园小区在生活垃圾分类推进过程中，积极用好小区特色"家园码"中的议事平台，及时收集生活垃圾分类工作中的民情民意，在不断完善细节、解决问题的过程中提升生活垃圾分类工作水平。

垃圾箱房投放口位置不方便、早上垃圾驳运车太早噪声大、夏天垃圾箱房存在异味……居委会在了解到这些问题和需求后，通过联合物业公司改造垃圾箱房的投放方向、联络垃圾驳运公司调整驳运时间、督促保洁人员勤消毒多通风，逐一解决。和欣家园小区垃圾分类工作的顺利推进离不开居民们的每一条合理建议，在解决问题满足居民需求的同时，也一步步地把难点变为撬动生活垃圾分类工作提升的支点。

垃圾分类，谁来参与？是否能体现社区自治？

和欣家园小区在生活垃圾分类工作中积极探索党建引领下的社区自治管理模式，居委会、物业公司、社区党员等加入小区志愿团队，全程参与其中。

欣韵居民区党支部坚持以党建为引领，发挥党组织广大党员在生活垃圾分类实施过程中的主力军作用。居委会负责统筹指导，联合物业工作人员、志愿者、小区居民进行共建。

首先，前期宣传广撒网。生活垃圾分类宣传工作由居委会牵头，召集物业工作人员、志愿者、社区党员等，通过挨家挨户上门宣传、发放宣传资料等工作，确保人人知晓、人人参与。

其次，组织管理有方法。制定志愿者排班表，每个投放点位每天安排两名志愿者，根据《上海市居住区生活垃圾分类达标表评分细则》风雨无阻指导居民正确分类投放，对未按标准投放的居民进行"贴心补课"。

老港基地创世界先进水平，
填补上海湿垃圾处置空白

陆峰 / 上海城投公司老港基地

生活垃圾分类投放之后，需要有相应的"末端处置设施"去处置。2019 年起，上海加大这类设施的建设力度，老港生态环保基地（简称老港基地）就是上海填补湿垃圾处置"空白"的一次探索。

老港基地位于上海市浦东新区老港镇，距市中心约 70 公里。基地面积15.3 平方公里，是上海市"一主多点"固废处置体系布局的"主基地"，也是全国固废处理能力最大、处理对象最多元、资源能源利用产业链最完善的综合处置基地，拥有全球最大的垃圾焚烧厂、医疗废物（简称医废）焚烧设施，全国最先进的湿垃圾综合利用设施，处理上海市约 50%的生活垃圾和 50% 以上的医废。

上海浦东老港基地再生能源利用中心
上海浦东老港基地供图

老港基地的垃圾收运集中处置有哪些特点？

老港基地从垃圾运输到处置实现闭环。老港基地处置的生活垃圾主要来自上海中心城区，每天经过分类的垃圾进入中转站进行压缩后，装入全封闭的集装箱，通过船运送至老港基地。集装箱在老港码头停靠后，再由绿色能源运输车辆分类转运到干垃圾焚烧厂、湿垃圾处置厂的卸料平台，倒入垃圾坑池。

由于这种与传统垃圾处置基地完全不同的闭环处理方式，老港基地因此环境宜人。进入老港基地后，放眼皆是绿树、草地、湖畔，不时有野鸟和小动物闪过，现代化建筑物散布其间，很难让人联想到这里是一处处置垃圾的地方。

老港基地是再生能源利用产业链最完整的综合处置基地，完整和先进性体现在哪里？

老港基地自 1985 年启动建设以来，基地功能从生活垃圾简易填埋，逐步转变为一个全品类固废分类处理和资源化的托底保障型环保基地，是构建上海生活垃圾全程分类体系、保障上海城市安全运行的重要战略基地，迄今已累计处理各类城市固废垃圾超 1 亿吨。

现在老港基地有综合利用设施 7 大类，可无害化处置干垃圾、湿垃圾、一般工业固废、危废、医废、建筑垃圾和水生植物等 10 余类，固废无害化处理能力达 1.83 万吨 / 日。

老港基地处处体现减污降碳成效。林地面积 7000 多亩（约合 467 公顷），各垃圾处理设施全年发电量达 18 亿度：地上有干垃圾与医废焚烧发电、湿垃圾产生沼气发电、屋顶光伏发电，地面有风力发电，地下有填埋场沼气发电。

根据老港基地规划，至"十四五"期末，基地整体固废无害化处理能力将达到 20070 吨 / 日，综合利用处置设施种类达到 13 类，资源化利用率超过 75%，形成 7 条资源循环产业链，绿化覆盖率超过 50%，核心业务数据入库率达到 100%，实现"一屏观一屏管"，并建成基地指挥大脑，完成"数据一根线"向"管理一张网、指挥一张屏"的转变。

2023 年 2 月 1 日起施行的《上海市浦东新区固体废物资源化再利用

若干规定》，对加快形成与城市绿色发展相适应的固废处理模式，率先实现固废从源头分类到资源化再利用的全过程治理，全面提升资源化再利用的效率和水平，提供了法律保障。因此，老港基地要从传统的托底保障逐步向资源循环发展，打造世界一流的环保科创中心和一平方公里资源循环产业园区，为上海市未来新产业发展、资源循环发展准备战略用地。

老港基地如何做到成为全国固废处理能力最大的末端处置基地？

老港基地当时是为了解决上海中心城区面临的生活垃圾产量逐年增多而出路日益困难的问题决策兴建的，期间经历过上海环卫事转企改革，从垃圾由分散简易堆放，到集中填埋卫生处置，再到如今的无害化、资源化利用。具体来看，老港基地主要经历了以下三个阶段：

第一阶段：1985 年到 2010 年，垃圾的集中化、无害化处置阶段。以卫生填埋为主，解决了上海垃圾围城，由大分散小集中向大集中小分散转变；

第二阶段：垃圾的能源化、资源化阶段。这一阶段，以焚烧和资源化利用为主，基地资源化率从 10% 增加到 68%，综合处理设施达到 7 大类；

第三阶段：垃圾的多元化、低碳化、智慧化发展阶段。2020 年 9 月，市政府发布《上海老港生态环保基地管理办法》，明确由上海城投集团对老港基地实行"四统一"管理（统一规划、统一建设、统一运营，统一管理）。2020 年底，上海城投集团专门成立上海城投老港基地管理有限公司，全面落实"四统一"管理要求。

未来，老港基地将坚持高起点规划、高标准建设、高质量运营、高水平管理，全力打造成为韧性安全的固废综合处置战略保障基地、低碳循环的资源循环利用示范基地、科创科普的环保先导基地、智慧生态的特色化绿色园区。

老港还是医废垃圾焚烧设施集中处置基地，医废焚烧有哪些特殊之处？

上海市"第七轮环保三年行动计划"重大工程项目上海市固体废物处置中心项目于 2019 年 1 月开工建设，2021 年 1 月正式投运，设计处置规模 240 吨 / 日，是目前全世界规模最大、智能化水平最高、处置技术最先进、环保标准最严格的医废和危废焚烧项目。上海市固体废物处置中心的运行可解决未来上海市医废处置缺口，满足上海市医疗健康产业发展需要，完善老港基地固废综合处置战略功能，提升上海市危险应急处置能力，进一步提高和发展整个城市工业固废处置水平和环保功能，为上海市公共卫生安全提供托底保障，助力上海全球卓越城市建设。

项目三期还在建设中吗？

上海生物能源再利用中心项目三期由上海老港固废综合开发有限公司投资建设，总投资约 16.57 亿元，主体工程占地面积 299.1 亩（约合19.94 公顷），计划于 2025 年 5 月建成。它主要服务于上海市中心城区及浦东新区，设计处理规模为厨余垃圾 2000 吨 / 天。项目三期建成后，老港生态环保基地湿垃圾总处理规模将达到 4500 吨 / 天，成为全球规模最大的湿垃圾深度资源化利用基地。

投入运营后，三期计划采用成熟先进的"预处理 + 高低浓度协同厌氧"的主体工艺，能够将综合残渣率有效降低至 15% 以内。同时，资源化产品覆盖新能源、新型饲料、新型肥料三大领域。通过沼气提纯制备压缩天然气、有机残渣养殖黑水虻等手段，将年产毛油 3600 余吨、碳基有机肥 2 万余吨、压缩天然气 8 万余吨，年处理湿垃圾将达到 73 万吨。

条块联动，
"管行业，也管垃圾分类"

Integrating Garbage Sorting Into
Enterprise Regulation

房屋管理局强化督查，
引导物业和社区做好前端垃圾分类

上海市房屋管理局物业管理处

产生生活垃圾的单位和个人须承担分类投放的主体责任。

为了更好地规范垃圾分类投放责任人的主体意识，房屋管理部门（简称房管部门）积极完善工作制度、强化监督检查，指导督促相关主体履职尽责，助推本市生活垃圾分类向纵深发展。

在房管部门的监督下，物业服务企业作为垃圾分类投放管理责任人，积极履行设置容器、分类驳运、宣传指导等职责。此外，房管部门协同引导社区居民做好垃圾分类。

上海圆外物业集团有限公司（浦秀馨苑）开展垃圾"四分类"工作
上海市房屋管理局物业管理处供图

如何指导督促物业服务企业，落实好生活垃圾分类投放管理责任人职责？

首先是责任落实有规范。市房屋管理局通过出台政策文件明确责任细则，将垃圾分类相关工作要求纳入物业服务地方标准和合同约定，进一步夯实物业服务企业法定责任。

一是细化工作制度。在调查研究基础上，会同市生活垃圾分类减量推进工作联席会议办公室、市绿化和市容管理局联合印发了《关于做好物业管理区域生活垃圾分类投放工作的通知》（沪分减联办〔2019〕12号）和《关于进一步做好本市物业管理区域生活垃圾分类管理工作的通知》（沪分减联办〔2019〕15号）等文件，进一步细化物业服务企业的具体责任和工作措施。

二是修订地方标准。指导市物业管理行业协会将生活垃圾分类投放容器设置、分类驳运等工作内容纳入《住宅物业管理服务规范》（DB31/T 360—2020）和《非居住物业管理服务规范》（DB31/T 1210—2020）两个地方标准，引导业主大会与物业服务企业参照地方标准协商确定物业服务标准。

三是规范依约履职。修订印发《关于推行使用〈上海市前期物业服务合同示范文本（2023版酬金制）〉等四个示范文本的通知》（沪房物业〔2023〕65号），引导业主和物业服务企业就生活垃圾分类投放相关要求在物业服务合同中予以约定，助推生活垃圾分类工作常态长效。

其次是推动落实有抓手。

一是开展行业监督检查。《条例》施行以来，市房屋管理局将物业服务企业落实生活垃圾分类投放管理责任人职责纳入物业行业"五查"指标体系，每年检查住宅小区20万余次，对于检查中发现未落实"做好投放点撤桶、换桶和投放点周边环境卫生保洁等管理工作""发现不符合分类要求的行为进行劝阻、制止、报告"等工作要求的，累计开具问题整改单500余张。

二是纳入失信记分处理。2020年，市房屋管理局修订《上海市物业服务企业和项目经理失信行为记分规则》，增设了"未按规定设置可回收物、有害垃圾、湿垃圾、干垃圾四类收集容器的；或者未按规定对生活垃圾进行分类驳运的"等记分条款。截至 2023 年 6 月，已累计对未依法履职的 29 家物业服务企业和 34 名项目经理予以失信记分处理。

三是加强违规行为发现报告。市房屋管理局组织开展相关业务培训，指导区房管部门督促物业服务企业按照有关规定上报巡查中发现的生活垃圾违规投放问题，切实发挥物业服务企业发现、劝阻、制止、报告的作用。

四是强化政策支撑保障。本市连续实施了三轮"美丽家园"建设三年行动计划，均明确要求各区结合辖区实际，完善物业服务考核达标奖励政策，将物业服务企业履行投放管理责任人职责情况纳入老旧小区物业服务达标奖励考核标准，助推生活垃圾分类工作有效落地。

社区居民主动分类是垃圾分类工作推进的关键，房管部门是如何协同引导居民履行垃圾分类投放的法定义务的？

首先要明确义务有载体。为进一步加强生活垃圾分类投放管理源头管理，市房屋管理局修订《临时管理规约》《管理规约》示范文本，专门增加了《生活垃圾分类专项规约》，进一步明确社区生活垃圾分类定时定点投放要求、生活垃圾不得随地投放等事项，引导业主、使用人、承租人、装修人员等履行生活垃圾分类投放义务。

其次要分类引导有重点。以社区租住人群等流动人员为突破点，市房屋管理局指导督促链家、中原、自如等本市大型房地产经纪机构和代理经租企业严格执行本市《关于进一步加强生活垃圾分类投放管理工作的通知》要求，积极响应市房地产经纪行业协会发出的《关于在房屋承租人中宣传落实好〈上海市生活垃圾管理条例〉的倡议书》，在提供住房租赁经纪服务或住房租赁服务时，通过书面形式向承租人告知本市生活垃圾分类投放的有关规定，指导承租人严格遵守生活垃圾分类投放管理有关规定的承诺。

商务委员会两手抓，
推动商贸行业垃圾源头减量化和资源化

上海市商务委员会

2022 年以来，商务部门积极贯彻落实《条例》，以提高垃圾减量化和资源化水平为目标，依法推进商贸行业垃圾源头减量、再生资源回收再利用等工作。

上海市商务委员会在积极推动绿色消费的同时，通过对包装管理进行源头减量，并在健全再生资源回收体系方面强化规划引导，促进再生资源回收行业管理转型提高资源综合利用率。

在推动商贸行业促进绿色消费方面，有哪些具体的举措？

一方面是多方联动推动绿色消费。我们依托"上海时装周"，指导相关机构、企业举办以"可持续时尚创变聚谈·共序循环之美"为主题的论坛活动，宣传可持续的时尚生活方式和绿色消费理念。指导"爱回收"联合各大商场、购物中心共同参与"五五购物节"绿色消费季活动，在全市110 家门店现场回收废旧纺织品，并发放商场优惠券。通过举办相关"绿色消费"宣传推广活动，充分激发和释放绿色消费需求，推动绿色低碳生活方式转型，进一步加强绿色消费对经济高质量发展的支撑作用。

另一方面是推动商贸企业加强塑料污染治理。我们根据商务部相关工作要求，建立商贸企业一次性塑料制品使用、回收信息报告制度，落实企业数据上报主体责任。截至 2022 年底，本市共 741 家市场主体参与上报工作，覆盖全市 16 个区和 6 种商业业态，不可降解塑料袋使用量同比下降了 12.7%。

在推动垃圾源头减量方面，商务部门有哪些具体的举措？

首先是推进包装物减量、可循环包装使用，从减少电商快件二次包装、推行绿色供应链管理、推进可循环快递包装应用、规范废弃物回收利用处置等方面推进相关工作。截至 2022 年底，全市主要品牌寄递企业电商快件不再二次包装比例达到 95%。推动外卖平台一次性餐具减量，引导消费者以"无需餐具"形式下单，成效明显。

其次是推行"净菜上市"。按照商务部《净菜加工配送技术要求》中的相关要求，持续大力推进符合相关条件的净菜上市，目前本市主要批发市场净菜进场占比在 90% 以上。并且会同相关部门将农贸市场垃圾分类工作纳入本市"菜篮子"区长负责制考核范围，对各区农产品批发市场、菜市场等网点垃圾分类工作落实情况进行考核。

最后是减少餐饮浪费，大力推动推动绿色餐厅创建，修订《上海市绿色餐厅管理规范》。我们会同市场监管部门、市餐饮烹饪行业协会，通过集中培训、现场指导、示范引导等多种形式，在餐饮行业做好宣传规范、贯彻规范的工作，掀起争创绿色餐厅、争当节约能手的热潮，确保实施落地。截至 2022 年底，全市已有 3000 家餐饮门店达到创建标准成为绿色餐厅。

在健全再生资源回收体系方面，商务部门如何落实相关制度规范？

我们积极贯彻落实修订后的《上海市再生资源回收管理办法》，优化企业备案方式，强化规划引导，促进再生资源回收行业从松散粗放型向集约型、规模型、产业型、效益型转化，提高资源综合利用率。截至 2022 年底，上海再生资源行业回收备案企业共 6206 家，全年再生资源回收总量达 851 万吨，同比增长 11%。

在节点建设方面，根据商务部《再生资源绿色分拣中心建设管理规范》，我们推动绿色分拣中心建设，提升再生资源加工利用技术水平，引导再生资源回收企业对回收物进行精细化拆解、巩固提升再生资源加工利用项目技术改造升级实效。

在企业培育方面，我们继续支持燕龙基、英科、田强环保等龙头企业提升技术水平，提升资源回收率。梳理汇总上海资源循环利用企业信息，配合市发展改革委建立"白名单"制度，加快构建覆盖城市各类固体废弃物的循环利用体系，鼓励本市资源利用企业大力发展。

在区域合作方面，我们加强长三角区域内的对接合作，按照八个品类（废金属、废纸、废塑料、废玻璃、废纺、废木、电子废弃物、报废汽车）积极推动本市回收主体企业与长三角区域 156 家重点龙头处置企业对接，组织召开各品类回收处置企业对接会，打通回收处置链条，树立示范企业典型，编写《上海市再生资源示范案例集》。

以消费领域为重点，
市场监督管理局突破源头减量难题

刘文涛 / 上海市市场监督管理局标准技术处

源头减量是生活垃圾综合治理的重要内容，也是全过程垃圾管理的薄弱环节和难点问题。"源头减量优先、从消费领域突破"，一次性用品和商品包装是当前生活垃圾产生的主要增长点之一。为此，《条例》对特定对象提出了强制性要求，以提高源头减量措施的刚性：一方面，要求积极推进产品包装物、快递包装物减量工作；另一方面，规定餐饮服务提供者和餐饮配送服务提供者不得主动提供免费的一次性筷子、调羹等餐具。

针对促进餐饮行业垃圾减量，市场监管部门有哪些具体的工作内容？

《条例》第二十二条第二款规定，餐饮服务提供者和餐饮配送服务提供者不得主动向消费者提供一次性筷子、调羹等餐具。违反该项规定的，由市场监管部门按《条例》第五十六条第二款规定责令改正；逾期不改正的，处五百元以上五千元以下罚款。为推进落实该项规定，上海市市场监督管理局在 2019 年配套制定了《上海市市场监督管理局关于发布〈上海市餐饮服务不得主动提供的一次性餐具目录〉的通知》，明确餐饮服务环节不得主动提供筷子、调羹、刀和叉子等一次性餐具。

市场监管部门以"双随机、一公开"监管为基本手段、通过日常巡查、专项检查等多种方式，坚持处罚教育相结合，做到"发现一例，处理一例，教育一批，带动一片"。对于首次发现违反《条例》规定主动提供《目录》中限制使用的一次性餐具的，责令限期改正，逾期不改正的，依法予以查处；对屡查屡犯、情节严重的从严从重处罚。2022 年，本市共出动监管人员 16.05 万余人次，检查餐饮服务提供者 11.73 万余户次，发出责令整改通知书 217 户次，处罚 81 户次，罚款人民币 19300 元，有力地遏制了主动提供一次性餐具的违法行为。

针对过度包装的监督管理，有哪些具体的监管举措？

首先是执法监督出"硬招"。

《条例》第十八条规定，市、区市场监管部门应当按照国家和本市有关法律、法规规定，做好产品包装物减量的监督管理工作。一是对国家已经制定限制商品过度包装标准的商品，实施重点监管；对国家尚未制定限制商品过度包装标准的，可以会同相关行政管理部门以及行业协会制定商品包装的指导性规范。二是对商品包装开展监督检查，及时公开监督检查结果，对违法情节严重的生产者、销售者和涉及的商品通过媒体予以公布。三是在政府网站上公布国家和本市制定的限制商品过度包装标准和规范，方便公众查询。四是对违反强制性规定进行商品包装的生产者，责令其停止违法行为，限期改正；对销售违反强制性规定的商品的销售者，应当责令其停止销售，限期改正；拒不改正的，处二千元以上二万元以下罚款；情节严重的，处二万元以上五万元以下罚款。

本市市场监管部门根据《上海市商品包装物减量若干规定》及国家强制性标准《限制商品过度包装要求食品和化妆品》等规定，以"双随机、一公开"为基本手段，开展商品过度包装监督检查。2022 年，在流通、生产领域完成月饼、茶叶、酒、食用油、化妆品等 30 种商品包装抽查检验 1200 批次，发现 1116 批次商品合格，84 批次不合格，不合格发现率 7%，相比 2021 年的不合格发现率 13.75% 明显降低。在日常监督抽查的基础上，本市还针对月饼、粽子、化妆品等重点礼盒类商品开展专项执法检查。相关过度包装执法工作被中央电视《每周质量报告》、东方卫视、上海电视台新闻综合频道、新京报等多家媒体报道,对市场主体起到了警示作用。通过持续执法监管,企业商品包装物减量主体责任意识明显增强。

其次是社会共治见"合力",落实企业第一责任主体,坚持企业自我约束。上海每年定期组织开展对大型连锁超市等销售企业、食品及化妆品生产企业的包装物减量进行专项培训,并专门制作包装物减量检验操作视频,明确商品包装物减量要求,提高销售、生产企业的人员对法规、标准的知晓度和行动自觉性,进一步强化企业主体责任意识,督促企业建立和完善内控机制,从源头上控制过度包装。

依托行业协会,发挥自律管理。针对茶叶豪华包装等顽疾,我们积极指导上海市茶叶行业协会开展"茶叶行业诚信计量示范单位"创建活动。2022年3月,首批17家茶企茶商获得诚信计量示范单位称号,带动整个行业践行绿色发展理念,促进商品包装减量。同时,我们还引导相关行业协会编制、发布、探索茶叶、外卖食品包装、药品等团体标准,加强行业自律管理。

最后是宣传发动共"监督",让广大市民成为过度包装最有力的监督者。

一方面,我们畅通消费者参与渠道,通过12315、12345市民服务热线,积极处理涉及过度包装问题的咨询、申诉、举报。2022年6月,上海市上线全国首个过度包装简易判断微信小程序"包装有度"。小程序采用输入商品包装简单信息即能在手机上初步判定商品是否过度包装,为消费者、经销商和监管人员提供辨识过度包装的"火眼金睛"。

另一方面,我们创新宣传方式,拓展宣传渠道。依托"东方明珠移动电视"平台及"东方社区行"栏目,播放杜绝过度包装的公益广告。相关播放渠道覆盖公交、地铁及商务楼宇,每天10个时间点在近18000个公交屏幕、40000个地铁屏、1000栋楼宇屏滚动播出,倡导市民绿色低碳生活方式。同时,我们将月饼过度包装相关执法检查情况制作成抖音短视频,通过新媒体渠道加大宣传。

在监管的过程中，难点有哪些？都采取了哪些办法？

判断商品是否属于过度包装，需要一定的专业背景知识，为了配合限制商品过度包装新国标的发布实施，方便执法人员开展监管，大幅提升执法人员过度包装监管效率，同时也为了便于消费者进行社会监督、生产企业生产合规商品、经销商进行进货验收，2022 年 6 月 15 日，上海市市场监督管理局创新形式，上线了全国首个过度包装便捷初判微信小程序"包装有度"。小程序上线以来，受到广泛关注，各大主流媒体纷纷转载，也得到市场监督管理总局的肯定和大力宣传推广，使用量大幅增加。一年来，累计用户近 2.5 万人，日点击数累计 7.13 万，访问页面数累计 77.54 万。上海市市场监管局还运用"包装有度"初判小程序开展多次现场专项检查，大幅提升了商品过度包装监管效率，助力智慧监管。

未来，在市场监管方面，还有哪些重点工作？

下一步，将结合《计量发展规划（2021—2035 年）》在本市的实施，持续加大商品过度包装监管力度，特别是在重大节日前，开展专项执法行动，集中查处一批重点案件，曝光一批典型案例，形成有效震慑。同时强化企业主体责任，大力开展商品包装物减量宣传，推动企业将发展重心转向提升产品质量、寻求品质突破、满足消费者实际需求，不断增强社会自觉抵制商品过度包装的意识，推动形成"厉行节约、反对浪费"的消费新风尚，服务支持上海如期实现碳达峰、碳中和目标。

此外，根据"包装有度"小程序一年多来的使用情况，结合未来发布的《限制商品过度包装要求　食品和化妆品》（GB 23350—2021）2 号修改单对于茶叶品类的计算变化，将针对"包装有度"小程序的功能和内容作进一步的优化升级，并适时推出"包装有度"2.0 版本。

为推进"无废城市"建设，
生态环境局加强监测与监管

李健 / 上海市生态环境局土壤生态环境处

"无废城市"是以新发展理念为引领，通过推动形成绿色发展方式和生活方式，将固废环境影响降至最低的一种先进的城市环境管理理念。

根据《固体废物污染环境防治法》《条例》等有关法律法规规定，生态环境部门主要负责生活垃圾相关的污染防治工作的指导和监督，如对可回收物跨省转移进行备案管理、对生活垃圾处理设施进行环境监测、对生活垃圾处置单位违法行为进行查处、协同推进有害垃圾无害化处置工作等。

在本市垃圾分类工作推进中，生态环境部门采取了哪些措施？

首先，我们将生态安全放在首位。按照市区分级监管原则，将生活垃圾焚烧发电厂、生活垃圾填埋场、湿垃圾处置单位及生活垃圾中转站等纳入年度环境监测计划，定期对相关设施的烟气、臭气、渗滤液等特征污染物开展监督性监测。通过定期检查和专项执法相结合，加大生活垃圾处理处置行业环境监管力度，依法查处违法行为。

其次，跨省转移可回收物要有监管。自 2020 年起，上海市生态环境局将跨省转移利用备案工作纳入"一网通办"平台，并会同市绿化和市容管理局明确跨省转移利用备案管理要求，确定合规的可回收物中转站、集散场名单，指导相关企业规范开展跨省转移利用，并定期将备案信息通报移入当地生态环境部门及绿化和市容管理部门等主管部门，形成齐抓共管的局面。2022 年，全市再生资源回收企业跨省转移利用备案量 25.8 万吨，主要为废金属和废塑料，主要去向为江苏、浙江等地。

针对有害垃圾的处理，生态环境部门有哪些具体举措？

2018 年底上海市生态环境局会同市绿化和市容管理局按"产生者分类投放，各区属地收集，市统一收运处置"的原则构建了有害垃圾全程分类回收处置体系，即在住宅小区等源头设置有害垃圾收集容器，由属地绿化和市容管理部门指定具备条件的作业单位负责定期或预约收运，并临时贮存在区级有害垃圾中转点。存满后预约市级专业收运企业统一运输、分拣贮存。最终根据有害垃圾的不同种类，分别交由有相应危废经营资质的处置企业进行无害化处理。

按照职责分工，生态环境部门动态更新本市危废经营许可证单位名单，全面公开其处置种类、许可能力、处置价格、联系方式等信息，积极对接本市有害垃圾统一收运的企业，持续优化畅通全种类的有害垃圾。

该体系建成后，有害垃圾分类收运成效不断提升，收运量从 2019 年 200 吨 / 年提高至 2022 年 516 吨 / 年，主要为废荧光灯管、废油漆桶、废药品和废电池等，均交由相应有危废处理资质的企业进行安全处置。

上海市医疗废物处置基地中央控制室
上海市生态环境局供图

生活垃圾分类是"无废城市"建设的重要内容之一，上海市"无废城市"建设有哪些目标和举措？

上海市"无废城市"建设聚焦减污降碳协同增效，统筹城市发展与固废管理，加快推进固废治理体系和治理能力现代化。到2025年，纳入国家"十四五"时期建设名单的8个区及临港新片区基本建成"无废城市"，其他各区完成相应指标任务，重点园区、行业企业开展"无废"示范，全市实现原生生活垃圾、城镇污水处理厂污泥零填埋；到2030年，上海市市固废充分资源化利用，实现固废近零填埋，全域"无废城市"建设稳居全国前列。

工作举措重点聚焦八个方面，一是提升生活垃圾分类实效，二是强化工业固废源头减量和高效利用，三是推动建筑垃圾全量利用，四是强化危废医废处置能力，五是推动农业废弃物循环利用和市政污泥规范处置，六是实现固废监管协同高效，七是高标准建设利用处置能力体系，八是统筹推动"无废细胞"建设。

其中，在生活垃圾领域，重点推进生活垃圾分类提质增效，巩固优化"两网融合"回收体系，充分保障生活垃圾分类处置和资源化利用能力。预计到2025年，全市生活垃圾分类达标率、回收利用率分别达到95%、45%以上，全面实现原生生活垃圾零填埋。

从垃圾投放到处置，
城市管理行政执法局全程依法监管

刘冬梅／上海市城市管理行政执法局执法监督处

生活垃圾丢弃和分类投放属于市容环境卫生管理范畴，行政处罚事项由城管执法部门执行。按照《上海市生活垃圾管理条例》（简称《条例》）规定，市城管执法部门对区城管执法部门、街道和乡镇人民政府在

上海市城市管理行政执法局实地查看垃圾分类实施情况
上海市城市管理行政执法局供图

生活垃圾管理方面的相关执法工作进行指导和监督。而对于前端的投放单位和个体、中端的收运单位、末端的垃圾处置单位，也根据行为人的责任不同有着不同的处理办法。

针对乱丢垃圾或者乱分类的个人，城管部门如何监管？

　　由于生活垃圾是在日常生活中或者为日常生活提供服务的活动中产生的固废，因此个人投放生活垃圾属于常见、高频、多发性行为，且具有"一过性"特点，执法人员往往很难亲睹当事人混合投放生活垃圾的行为。即使没有直接的现场照片等证据，但证人证言、视频资料等证据能够互相印证，形成证据链，亦可认定个人存在将有害垃圾与可回收物、湿垃圾、干垃圾混合投放，或者将湿垃圾与可回收物、干垃圾混合投放的行为，由城管执法部门督促改正；拒不改正的，处五十元以上二百元以下罚款。个人具有拒不签收《责令改正通知书》、当场拒绝改正违反生活垃圾分类投放规定行为等情形的，可以视为拒不改正，依法处罚。

针对"四分类"垃圾投放的单位办公或者生产经营场所，又有哪些监管措施与处罚规定？

住宅小区业主和物业公司应当将生活垃圾分类投放管理责任的相关内容纳入物业服务合同，市房屋管理部门、乡镇人民政府、街道办事处、城管执法部门在日常监督检查和执法过程中，对物业公司落实生活垃圾分类投放管理责任所产生的，适用一般程序作出的行政处罚信息、被监管部门作出责令改正决定但拒不改正或者逾期不改正的信息、被监管部门处以行业禁入等信息，进行统一归集，由市房屋管理部门依法纳入物业公司信用管理体系。

单位办公或者生产经营场所的任何一种生活垃圾收集容器中有其他类别的生活垃圾混入，即可构成违法，由城管执法部门责令立即改正；拒不改正的，处五千元以上五万元以下罚款。

2014 年 5 月 1 日起施行的《办法》第三十二条第三款第一项亦规定，对违反生活垃圾分类投放规定的单位，责令改正；拒不改正的，处一百元以上一千元以下罚款。可见，为了体现垃圾分类从严管理的要求，《条例》规定对这一违法行为的处罚幅度明显提高。

在生活垃圾处置方面，有哪些行为被视为违法？

主要表现为处置单位未保持生活垃圾处置设施、设备正常运行，客观上影响了生活垃圾的及时处置。生活垃圾处置设施、设备包括沼气检测仪器、环境监测设施、在线监测系统等。执法人员经过调查取证，只要有证据证明处置单位未保持生活垃圾处置设施、设备正常运行的，即可认定为违法行为，依法予以查处。

针对上述违法行为，城管会采取哪些处罚措施？

经城管执法部门责令限期改正，逾期不改正的，处五万元以上五十万元以下罚款，这是《条例》规定的最高处罚幅度，远远高于《上海市城市生活垃圾收运处置管理办法》中对生活垃圾处置单位规定的处罚幅度，充分体现了《条例》对处置单位从严管理的要求。

垃圾在分类后的驳运，是一个重要的环节，职能部门对管理责任人有哪些要求？

管理责任人应当将需要驳运的生活垃圾，分类驳运至生活垃圾收集运输交付点。这里需要驳运的生活垃圾的点位，是指单位、住宅小区、农村居民点等场所的多处生活垃圾投放点位，而这些投放点位并不都是与环卫企业对接的交付点，因此，需要由管理责任人配置分类驳运车辆、工具或改进原先设备，督促保洁人员将生活垃圾从投放点分类收集运输到垃圾箱房、小型压缩站或者分类收集容器临时集中点，以便环卫企业统一收运。

在这一环节中，可能产生的违法行为有哪些？

一是管理责任人没有使用对应类别的机具实施分类驳运，如：使用垃圾桶（车）对投放点的湿垃圾进行分类驳运，但驳运时用的垃圾桶为干垃圾桶（车）；二是未将生活垃圾分类驳运至生活垃圾收集运输交付点，如：在将生活垃圾从投放点分类驳运至收集点过程中，将干垃圾、湿垃圾倒入同一个垃圾桶或同一辆手推车，且手推车没有分隔和分类标识，因此造成混合驳运。

未分类驳运垃圾的管理责任人，城管部门如何进行处罚？

城管执法部门经过调查取证后，认定管理责任人未分类驳运的，先责令其立即改正；拒不改正的，处以罚款。

另外，《办法》第三十二条第二款规定，管理责任人未将分类投放的生活垃圾分类驳运的，由城管执法部门责令改正；拒不改正的，处一千元以上三千元以下罚款。《条例》与之相比较，处罚幅度发生了明显的变化。城管执法部门在执法中，应当适用《条例》进行处罚。

上海市对从事生活垃圾经营性收集、运输或者处置活动的单位有哪些要求？

从事生活垃圾经营性收集、运输或者处置活动的单位应当具备一定的条件，由市或者区绿化和市容管理部门通过招标方式确定，并由市绿化和市容管理部门核发生活垃圾经营服务许可证。

　　未经绿化和市容管理相关部门的许可，不得擅自从事有害垃圾、湿垃圾、干垃圾经营性收运，不得擅自从事湿垃圾、干垃圾经营性处置。这里的未经许可包括未依法取得许可证、已经注销或者吊销许可证、超过许可的收运或者处置服务期限等情形。

　　需要注意的是，从事可回收物的收集、运输无须取得绿化和市容管理部门的许可。从事有害垃圾处置应当依法取得危废经营许可证，擅自从事有害垃圾处置的，不属于《条例》规定的处罚事项，应当按照环保管理的相关规定进行处罚。

如果发现在生活垃圾经营性收集、运输或处置过程中有违法行为，政府部门会有哪些处罚规定？

　　2007年7月1日起施行的《城市生活垃圾管理办法》第四十三条规定，未经批准从事城市生活垃圾经营性清扫、收集、运输或者处置活动的，责令停止违法行为，并处三万元的罚款。《条例》与之相比较，处罚金额由单一的三万元调整为三万元以上十万元以下的罚款。城管执法部门在执法中应当适用《条例》进行处罚。

在生活垃圾的收运过程中，主要有哪些违法行为？如何进行处罚？

　　生活垃圾收运单位的车船不符合行业规范的违法行为，一是收运单位没有使用专用车辆、船舶运输生活垃圾，如：使用干垃圾收运车清运有害垃圾；二是专用车辆、船舶未清晰标示所运输生活垃圾的类别，如：生活垃圾分类收运车辆标识不清晰、不明确，生活垃圾分类收集容器标识（色）明显错误；三是专用车辆、船舶未实行密闭运输，生活垃圾滴漏、拖挂；四是专用车辆、船舶未安装GPS、自动称重等在线监测系统。违反规定的，由城管执法部门责令限期改正；逾期不改正的，处五千元以上五万元以下罚款；情节严重的，吊销其生活垃圾经营服务许可证。

　　对生活垃圾收运单位混装、混运的违法行为主要表现为两种，一是将已分类投放的生活垃圾混合收集、运输，如：将可回收物和湿垃圾全部使用同一辆收运车清运；二是将危废、工业固废、建筑垃圾等混入生活垃圾。违反规定的，由城管执法部门责令限期改正；逾期不改正的，处五千元以上五万元以下罚款；情节严重的，吊销其生活垃圾营业性服务许可证。

生活垃圾收运单位未按要求将生活垃圾运输至符合条件的转运场所的违法行为主要表现为生活垃圾收集、运输单位未按照要求，将生活垃圾运输至符合环境保护要求和设置技术规范的转运场所。违反规定的，由城管执法部门责令限期改正；逾期不改正的，处一万元以上十万元以下罚款。

精准调控，
用好考核评估"指挥棒"

Targeted Adjustments
and Measuring Sticks

"亮成绩、晒排名"，让"小书记"关心"关键小事"

叶秋余 / 上海市生活垃圾分类减量推进工作联席会议办公室

"生活垃圾分类实效综合考评工作制度"是落实《条例》关于定期评估法定职责的核心手段之一，为持续提升上海市生活垃圾分类实效及精细化管理水平起到了关键作用。

生活垃圾分类实效综合考评制度是如何反映各区、各街镇生活垃圾分类工作情况？

上海市自 2018 年起开展生活垃圾分类实效综合考评工作，运用第三方专业测评、社会评价、管理部门考核等方式，对各区居住区、单位等垃圾分类实效客观情况，市民实际感受度，区日常管理落实情况以及重点指标任务完成情况等多方面进行综合考评。考核以定量指标为主，定性与定量相结合，充分反映各区生活垃圾分类工作推进情况。

从考评对象上来看，包括 16 个行政区、220 个街镇（或乡、工业区）、重点公共机构和公共场所（三级以上医院、高校、重点客运交通枢纽等），实现了市域范围内全覆盖。

从考评内容上来看，既包括对居住区、企事业单位、沿街商铺和公共区域等各类场所的生活垃圾源头分类实效测评，又兼顾对市民感受度、满意度等社会评价、各垃圾分类推进相关职能部门责任落实情况。

在考评过程中，特别是第三方专业测评的实地检查，是如何保障测评结果的公平公正性的？

第三方专业测评按照"双随机""四不两直"原则开展实地检查，并建立了多重审核制度。市分减联办按季度组织力量对市级第三方测评样本随机抽取 5% 进行实地复核，保障第三方测评的真实有效、客观公正。

标准化问卷：在问卷设计方面，注重客观性、有效性以及可行性。一是目的明确性，严格对照居住区、单位、沿街商铺等考核细则，设计

街镇生活垃圾分类实效综合考评标准构成表

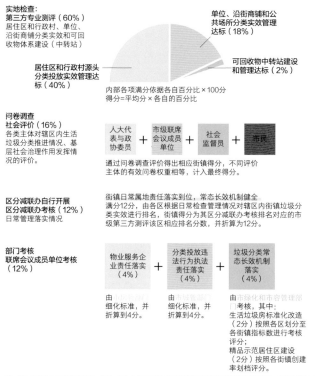

实地检查：
第三方专业测评（60%）
居住区和行政村、单位、沿街商铺分类实效和可回收物体系建设（中转站）

居住区和行政村源头分类投放实效管理达标（40%）

单位、沿街商铺和公共场所分类实效管理达标（18%）

可回收物中转站建设和管理达标（2%）

内部各项满分依据各自百分比×100分
得分=平均分×各自的百分比

问卷调查
社会评价（16%）
各类主体对辖区内生活垃圾分类推进情况、基层社会治理作用发挥情况的评价。

人大代表与政协委员　＋　市级联席会议成员单位　＋　社会监督员　＋　市民

通过问卷调查评价得出相应街镇得分，不同评价主体的有效问卷权重相等，计入最终得分。

区分减联办自行开展
区分减联办考核（12%）
日常管理落实情况

街镇日常属地责任落实到位，常态长效机制健全满分12分，由各区根据日常检查管理情况对辖区内街镇垃圾分实效进行排名，街镇得分为其区分减联办考核排名对应的市级第三方测评该区相应排名分数，并折算为12分。

部门考核
联席会议成员单位考核（12%）

物业服务企业责任落实（4%）　＋　分类投放违法行为执法责任落实（4%）　＋　垃圾分类常态长效机制落实（4%）

由□□□□□□细化标准，并折算到4分。

由□城管部□□□□细化标准，并折算到4分。

由市绿化和市容管理部门考核，其中：
生活垃圾房标准化改造（2分）按照各区划分至各街镇指标数进行考核评分；
精品示范居住区建设（2分）按照各街镇创建率划档评分。

注：辖区评价周期内发生居住区、单位、可回收物中转站等测评和社会评价弄虚作假或混装混运、偷乱倒等重大舆情事件（指引起人大代表、政协委员、市领导关注的），取消相应考评成绩。

现场观察和拦截访问的题目。二是客观有效性，问卷根据细化后的评价指标体系拟定，问题设计中把指标最大限度地细化，尽力避免因主观因素评分不客观的情况。三是理解一致性，充分考虑实施的一致性，题目设计通俗易懂，问卷设计者、使用者和受访者对题目理解一致，真实反映客观情况。

"双随机"派样、规范化访问： 采用双随机抽样调查的原则，依托智能信息化平台，按照随机抽样、配额抽样的方式进行检查点位选取，并采取随机分配到检查员的方式进行派样。同时，实现整个检查流程电子化，后台分配任务后，平台在指定时间将任务自动推送到检查人员端，检查人员在平台上完成标准化问卷，经多轮审核后公示至各区、各街镇。

多轮审核制度：建立四轮审核机制，并辅以试访和修正机制，确保检查质量。一是后台初审，采取 100% 盲审的形式，包括检查结果逻辑控制、背景信息校对、逻辑关系校对、开放题答案校对以及考核表、调查问卷、照片、录音、录像复核等。二是专家组审定，项目成立专家组，对初审通过的样本，由专家组进行复核，并对疑难样本进行判定。三是实地复核，抽取 10% 的样本进行实地复核，保障检查结果的有效性。四是争议复核，对公示后各街镇的申诉问题，通过专家组讨论、实地复核等方式进行裁定。

综合考评制度是如何发挥指挥棒作用，持续促进生活垃圾工作提质增效？

考评办法既注重总体分类实效的把握，又针对性地突出当年度工作重点，不断优化和调整考评具体内容。

六年来，作为日常工作的监测镜、问题难点的显微镜、市民感受的放大镜，生活垃圾分类实效综合考评工作制度切实发挥风向标和指挥棒作用，其成绩和排名已成为大小书记比学赶超的动力源，为提升基层治理能力、完善上海生活垃圾全程分类体系发挥重要作用。

综合考评制度的发展

2018	侧重硬件配置和宣传告知 提出达标街镇、示范街镇概念
2019	侧重分类实效 增加了长效机制管理落实情况 和人大代表、政协委员评价情况等考评内容 居住区的测评重点逐步转向 分类实效和长效管理
2020	侧重居民的获得感、满意度 增加了"垃圾投放点采取异味控制措施， 收集点配有破袋、洗手装置"等标准 新增了对全市沿街商铺分类管理情况 的专项测评
2021	侧重常态长效机制的建立 在街镇层面新增道路废物箱的专项测评 在全市层面新增对高校、三级及以上 医院、主要交通枢纽的专项测评
2022	强化对可回收物体系和服务水平的考核 新增对可回收物中转站的专项测评 突出小包垃圾专项治理行动成效
2023	居住区可回收服务考核更加严格 更加重视农村垃圾分类管理水平的提升

分类体系建设运行达标考评细则

生活垃圾回收利用率（20%）	生活垃圾分类、设施处理指标量（20）	干垃圾量、湿垃圾量（全市垃圾分类"一网统管"湿垃圾品质监控全面启用后，以品质达标量为统计量）控制在指标量内。可回收物量（包括可回收物主体企业量）、湿垃圾区级设施处理量达到指标量。
设施设备（38%）	生活垃圾清运车辆冲洗点（5）	车辆集中冲洗点产生的冲洗废水应纳入城镇污水管网进行排放并执行《污水综合排放标准》DB 31/199—2018，严禁排入城镇雨水管网。点位排水行政许可资质齐全，定期对纳管排放的废水开展检测，严禁持证超标纳管排放。 冲洗作业完成后冲洗点周边环境应保持整洁。 点位台账制度齐全，日常管理规范，形成常态长效管理机制。 点位调整或关停应及时上报更新信息。
	生活垃圾小型压缩站（5）	生活垃圾小型压缩站产生的废水应纳入城镇污水管网进行排放，严禁排入城镇雨水管网，严禁将小压站作业范围外的废水运送至小压站进行排放。 生活垃圾小型压缩站各类设施设备完好、环境整洁，作业服务规范高效。 点位台账制度齐全，日常管理规范，形成常态长效管理机制。 点位调整或关停应及时上报更新信息。
	湿垃圾分散设施（3）	湿垃圾分散处理设施设备运行稳定规范，周边现场环境整洁。 废水、废气污染排放符合环保安全等各项管理要求。 无相关单位行政执法检查处罚记录。
	可回收物中转站、集散场（10）	上半年完成中转站、集散场"沪尚回收"标识更新；年底前完成至少1座示范型中转站建设，并通过市级验收合格。 可回收物中转站、集散场日常管理运行规范，点位调整或关停及时上报。
	生活垃圾转运、末端处置场所（15）	转运、处置设施应落实"一网统管"要求安装残液流量流向监测、湿垃圾品质管控等相关设备，相关数据应按照安装计划接入全市"一网统管"平台。 转运、处置设施车辆和场地冲洗废水应纳入城镇污水管网规范排放；无污染物超标排放，未对周边环境造成不良影响；无相关单位行政执法检查处罚记录。运营单位应按要求开展环境监测。 转运、处置设施项目前期手续办理和建设重大节点按照预设时间完成。 转运、处置设施管理规范，落实垃圾分类品质监管、分类转运、分类处置要求，设施按计划正常运营。
管理规范（42%）	生活垃圾分类清运规范（12）	按照《本市生活垃圾清运工作指导意见》严格执行生活垃圾分类清运要求，禁止混装混运，对不符合分类质量标准的生活垃圾拒绝收运。 严格落实"三同时、一手清"等作业规范，作业过程避免大声喧哗或采用敲击、撞击等方式倾倒垃圾、拖拽垃圾桶等不规范作业行为，做到持证上岗、着装规范、配备清扫工具等。 严控清运过程污染，严禁随意排放生活垃圾残液，产生的垃圾残液应规范收集至有相应处理能力的转运站、焚烧厂等设施处理达标后排放，并执行相应设施排放标准。
	生活垃圾车辆管理规范（6）	清运车辆涂装规范，分类标识规范、清晰。 清运车辆外观保持整洁，无拖挂散落、污渍、残液滴漏等现象。 车容车貌问题整改及信息反馈及时。 进入转运、处置设施的清运车辆应执行"一车（箱）、一牌、一品类、一任务"要求完成各项清运任务。
	生活垃圾作业投诉扰民治理（10）	按照作业扰民治理工作要求，梳理排摸辖区内关于清运噪声扰民及异味扰民的投诉底数及点位情况，针对反复投诉的点位，制定"一点一策"，规范"一车一档"。 加强人员培训，改良设施设备，合理安排清运作业时间；加强现场管理，调整收运频次，强化除臭举措，确保清运扰民投诉明显下降，治理成效显著。 加强诉求处置，提高市民诉求办理质量，市民满意度明显提高。
	生活垃圾作业服务质量评议规范（4）	按照《上海市生活垃圾清运、中转、处置作业服务质量评议办法》，做好辖区内所有清运、中转、处置作业单位评议工作。
	装修（大件）垃圾收运新模式（10）	完成街道（镇）推行新模式的指标量；结合覆盖率、信息公示、具有信息预约平台等要求，实现高质量推进。
加分项	生活垃圾管理特色案例与典型示范（1）	超额完成示范型可回收物中转站建设任务。 梳理典型经验做法、特色案例（如精细化分类公共场所示范区域等）并及时上报。

杨浦大桥街道自设评价标准，
建立垃圾分类考评制度

张怡 / 上海市杨浦区大桥街道社区管理办公室
严雪莹 / 上海市杨浦区大桥街道城市建设管理事务中心

《上海市生活垃圾分类实效综合考评办法》中考评对象有三类，其中一类是全市 220 个街镇（或乡、工业区），综合考评居住区、一般单位、沿街商铺和公共区域生活垃圾源头分类实效。

大桥街道从 2019 年起，就建立了垃圾分类考评制度，对标设施设备、宣传告知、回收服务、长效管理和分类实效五项标准要求，以"一口管理、条块协同、联动执法、联合整治"的方式，不断夯实垃圾分类源头实效。

上海市杨浦区大桥街道居委召集居民、志愿者学习《条例》
上海市杨浦区大桥街道办事处供图

为创建垃圾分类示范街镇，需要做哪些管理层面的准备？

　　首先是建立机制，凝聚推进合力。为此街道各处级领导组成创建垃圾分类示范街镇工作领导小组，各办负责人和相关部门组成成员单位。通过书记、主任办公会定期分析研判、统筹协调，全面领导垃圾分类示范街镇创建工作。同时，制定《大桥街道创建生活垃圾分类示范街镇分块包干表》，处级领导带队，居委会书记、机关联络员、城管队员组成，任务明确，责任到人，从源头上抓实垃圾分类精细化管理工作。

　　其次是对照标准，明确目标要求。由街道城市建设中心牵头，根据《上海市生活垃圾分类示范区、达标（示范）街镇综合考评办法》，精准对标对表，发动专项培训。通过线上自学、线下座谈、实地指导整改等各种形式开展分类培训，让基层一线及时把握最新工作要求，精准理解新标准及新增内容，形成清晰明确的工作思路和切实可行的对策举措，全力推进生活垃圾分类示范街道创建工作。

　　最后是加强协同，落实管理责任。由各居委会牵头负责辖区内居住区垃圾分类实施推进工作，将垃圾分类工作纳入对居委会工作考核评估体系中。居委会牵头业委会、物业公司每周召开垃圾分类工作会议，针对需要整改的问题开展研究商讨工作，破解重点难点问题。

考评方式是怎样的？

　　街道积极保持与区分减联办的联动沟通，依托区巡查机制，对照每周下发"大桥街道问题清单"及时掌握存在不足，并由居委会落实，在两个工作日完成整改，不断巩固加强常态长效管理。每月考评成绩根据《杨浦区生活垃圾实效测评现场测评报告》同步排名，考评成绩通过"大桥街道居住区垃圾分类减量群"进行公布。

　　垃圾分类"帮减员"每月根据考评成绩发放奖励费，考评成绩纳入街道对各居委会的年度考核范围，同时纳入相关物业公司、企业单位年度考核依据。

如何进行日常检查及考核？

为保证分类实效，落实属地管理，街道部署组建三支迎检工作队伍，加大检查指导力度，实现每周巡查全覆盖。

各居委会组织发动一支由居委会干部、小区物业工作人员、业委会业主、党员、积极分子等组成的志愿者巡查队伍，通过自查自纠、日常巡查、轮班固守等方式，推进辖区内居住区垃圾分类长效常态管理工作。

街道管理办会同城市建设管理事务中心、城管中队建立督导检查队伍，针对居住区垃圾分类存在的问题开展全覆盖督查指导工作，街道处级领导针对分块包干区域，不定期开展垃圾分类检查工作。

街道纪检监察室成立专项督查督办队伍，制定完善大桥街道"红黄牌"亮牌督办约谈机制。对区级第三方测评巡查未达标或被区分减联办亮"黄牌"的居住区进行复查，三个工作日后的复查仍存在相关问题的，创建领导办公室和纪检监察室要对相关小区进行约谈。其中列入"黄牌"督办的居住区，经第二次复查后仍存在不整改现象、或被区政府督查室亮"红牌"的，列入"红牌"督办，由居委会主要负责人向街道主要领导递交《整改报告书》，由主要领导和纪检监察室进行约谈。

此外，大桥街道城管中队牵头也全力支持，强化管理和执法联动，对市级、区级测评中未达标的居住区物业公司、企事业单位进行有针对性的重点执法，快速高效解决生活垃圾分类推进中出现的违法违规问题。街道派出所也加大执法力度，对拒不履行分类义务、违反治安管理处罚条例的少数人群，按照"有法可依、执法必严、违法必究"的原则，依法实施处罚。

如何完善相关配套设施？

对标《上海市生活垃圾分类实效综合考评办法》新扣分标准，针对新增的"垃圾投放点采取异味控制措施，收集点配有洗手装置、垃圾容器、智能监控"等要求，新增硬件设施已基本下发到位，由居委会负责使用、保管。居住区有物业公司的，由居委会督促物业公司及时做好更新；无物业公司的，由居委会做好统计工作，街道托底负责做好设施配备，在硬件上再次夯实垃圾分类工作，确保硬件配置不失分。

崇明新村乡因地制宜，"刚柔并济"抓考评

高磊 / 上海市崇明区新村乡生态保护和市容环境事务所

崇明开展垃圾分类最早可以追溯到 2011 年。2016 年，崇明垃圾分类试点从城镇小区向农村跨越。通过两年的推进，目前崇明全区生活垃圾分类覆盖率达到 100%，设施、宣传、收运规范率达到 85% 以上，市民对于垃圾分类的知晓率达到 99.5%。

新村乡率先在农村地区实施"定时定点"投放。依托"三个一"（一支队伍、一套制度、一个平台）作为工作抓手，依靠全乡干部群众做深做细农村生活垃圾分类工作。2019 年，崇明将新村乡的做法向全区推广，镇镇有试点，有序推进农村地区"定时定点"和"撤桶计划"。在 2021 年上半年度市级考评中，新村乡在全市考评中位列第二。

一般而言，农村的市政管理远不如城市那样能投入大量物力人力。新村乡是怎么"移风易俗"的？

以往，农村地区的垃圾桶都放在家门外，一到夏天更是蚊蝇滋生。2017 年，新村乡率先实现垃圾户上分类收集全覆盖，2018 年在户上分类收集的基础上，新村乡试点推进农村垃圾分类定时定点收集工作。

为让农村生活垃圾分类工作顺利推行并取得实效，各村遴选一批热心公益、以党员为主体的骨干组建志愿者队伍，在初期户上分类收集时，帮助指导垃圾收集员一起分类收集。一开始是党员志愿者队伍通过上门闲聊家常、为高龄老人上门分好垃圾并送到投放点等方式，让村民了解垃圾分类的必要性。乡村地区是熟人社会，村民们很朴实，看到带头人很拼，他们也就自觉开始垃圾分类了。而后开展定时定点工作时，将点位设置在党员家周边，并提供志愿服务。现在是参与党员指导组上门指导，确保户上分类质量保持常态长效。

在试点一段时间后，分类实效稳定，村里又作了进一步优化，改成定点不定时，村民随时都可以来扔垃圾了。而且依托全国乡村治理示范镇创建平台，新村乡扩大了"稻香人家"乡村治理积分制辐射范围，将生活垃圾分类提级为农户优先积分项目，引导村民积极参与。

从垃圾分类之初的试点探索到目前全覆盖推行，我们在实战中形成了一套较为成熟实用的工作制度。一是户上党员指导考评制度，落实每月全覆盖开展户上检查；二是生活垃圾定时定点志愿者服务制度，党员志愿者每天在点位上开展引导宣传，确保点位分类质量；三是村干部包片巡查制度，对各自责任区内定时定点、户上分类情况进行定期检查，全面掌握分类情况。

从"保姆式"的上门收取到主动前往投放点投放，看似省去了"上门收集"一个小环节，却是村民主动参与生活垃圾分类行动迈出的一大步。而且自推行垃圾分类后，居住环境提升了不少。随着垃圾分类工作不断完善和推进，现在基本上不需要指导，大家都会自觉分类。

新村乡有个与垃圾分类相关的乡村治理积分制度，是怎样的？

该制度依托全国乡村治理示范镇创建平台，旨在扩大"稻香人家"乡村治理积分制辐射范围，将生活垃圾分类提级为农户优先积分项目，引导群众主动转变分类观念，积极参与乡村治理的积分活动。

同时，它还以村民家庭为单元开展积分竞赛，每日记录公开户上分类情况、每月公示户上考核"激励榜"，落实"稻香人家"示范户荣誉牌等奖励，切实让"小积分"变成村民的"幸福币"，助推分类成果再巩固、成效再提升。

农村如何与城区街道一样打造数据化平台？

这靠的是区里和乡里两级政府的共同努力。我们依托垃圾分类数字化管控平台，从"户分、村收、乡运、乡处置"四个环节入手，探索实践垃圾分类从源头到末端处置全流程数字化管理。

上海市崇明区新村乡"稻香人家"积分制公示
上海市崇明区新村乡生态保护和市容环境事务所供图

为了做好末端处置，崇明依托覆盖全区各乡镇的 21 座新建湿垃圾处理站，实现了就地就近消纳和资源化利用湿垃圾，确保湿垃圾处置不出镇。干垃圾则运往崇明固体废弃物综合利用中心进行处置。此外，建筑垃圾、大件垃圾以及其他垃圾也已纳入相应处置利用体系。

新村乡的垃圾分类数据化管控平台是崇明首个垃圾分类智慧监管平台，将垃圾分类工程中"户分、村收、乡运、乡处置"全流程进行了重点要素的采集、分析，实现垃圾全生命周期的无缝监管。

对于混投、垃圾分类不清等现象，新村乡各村（居）可以通过智能化摄像头采集数据，查明责任人后，使用一定的处罚手段对居民进行约束。

这套系统在湿垃圾运输车进入站点后，能马上对卸载的湿垃圾进行称重，数据第一时间传输到智慧环卫管理平台，并自动生成汇总。通过称重系统，一方面可以有效监管各乡镇湿垃圾处置实效，例如当日的收集重量低于平均重量，说明今天的收集工作可能存在问题，这时就需要介入查明纠正；另一方面可以有效掌握湿垃圾产生的规律，从而及时调整作业力量配置，提升管理效能。

在垃圾收运环节，全乡干湿垃圾收运车辆全部加装了 GPS，用于固定收运路线、垃圾箱点位、车辆停放位置等，一旦出现问题就会及时进行干预。我们优化了全乡 21 个垃圾箱房收运路线，一旦出现车辆路线偏差、停留时间过长、垃圾漏收等情况，便会及时预警提醒，从而提升垃圾收运效率。

乡村的垃圾多为湿垃圾，湿垃圾应该更适合就地转化为有机肥。新村乡是否也有这样的打算？

崇明日常产生的湿垃圾确实可以经过生化处置转化为有机肥，实现资源循环利用。现在全区日处置能力达到 230 多吨，每个乡镇都有一处就地处置设施，新村乡也有一个，湿垃圾不出岛就能再利用。

而且崇明还在试验进一步将湿垃圾细分为餐前湿垃圾和餐后湿垃圾，通过生化技术将餐前湿垃圾制成高质量有机肥，餐后湿垃圾则进入餐厨垃圾处置系统，进行资源化利用。

【生活垃圾分类专项补贴资金操作流程】

为贯彻落实《条例》和本市有关要求，鼓励各区深入开展垃圾分类工作，以实效为基础，建成一批示范街镇，发挥典型作用，引领全市各街镇高水平落实生活垃圾分类制度，加快实现市民普遍参与生活垃圾分类的新时尚。

按照"以区为主体、以示范为引领、以长效为导向"的原则，按照上海市生活垃圾分类减量推进市分减联办文件规定创建成功并通过复核的生活垃圾分类示范街镇，都会给予相应的补贴。

一、生活垃圾分类示范街镇　　　　　**二、可回收物回收服务点、中转站**

| 市绿化和市容管理局组织各区申报垃圾分类示范街镇及补贴申请 | 各区绿化和市容管理局提出服务点、中转站补贴资金申请报告 |

| 市生活垃圾分类减量推进工作联席会议办公室考评确定拟补贴示范街镇及补贴资金 |

| 市绿化和市容管理局对拟补贴示范街镇及补贴资金进行公示后，提出补贴资金审核意见 | 市绿化和市容管理局根据各区上一年生活垃圾分类推进工作考核情况，对申请报告进行审核并上网公示后，提出补贴资金审核意见 |

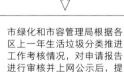

| 市绿化和市容管理局将补贴资金审核意见或扣回资金意见报送市节能减排办 |

| 市节能减排办按规定下达资金使用计划 |

| 市绿化和市容管理局根据资金使用计划，向市财政局提出补贴资金拨款申请或扣回资金意见 |

| 市财政局收到资金意见后，按照支付管理规定，将补贴资金拨付到各区或收回至市财政 |

上海市垃圾分类专项补贴资金操作流程图

【示范街镇补贴标准】

　　对于生活垃圾分类示范街镇而言，经市分减联办考评合格，结合社会公示情况予以认定的生活垃圾分类示范街镇，由市级财政按街镇户数分档对所在区给予定额补贴，创建成功当年给予补贴标准的 80%，次年由市分减联办安排复核，通过复核的给予剩余补贴，复核不通过将扣回已拨付的示范街镇补贴。市分减联办在第三年度对获得补贴的示范街镇开展复评，复评通过的，由市级财政按照补贴标准的 30% 予以奖励，各区应给予不少于市级财政奖励资金的相应配套资金支持。

第四章

工作展望
Looking Ahead

自 2019 年 7 月 1 日《条例》施行以来，在全市上下共同努力下，上海市生活垃圾分类工作成效显著，逐渐成为全民参与的低碳生活新时尚，并形成了独具特色的上海垃圾分类实践。上海的成功经验不仅影响到国内其他城市，也在国际舞台上树立了榜样。

然而，这些只是生活垃圾全程分类体系上海实践取得的初步成功。如何实现垃圾分类提档升级，如何更好助力"双碳"目标实现，如何将垃圾分类融入城市可持续发展的全过程，都是上海垃圾分类面临的新挑战。

2023 年 5 月 21 日，习近平总书记给嘉兴路街道垃圾分类志愿者回信，再次提出"垃圾分类和资源化利用是个系统工程，需要各方协同发力、精准施策、久久为功"的更高要求。为贯彻落实总书记重要回信精神，上海市正在抓紧制订《上海市持续优化生活垃圾全程分类体系工作方案》（简称《工作方案》），积极打造上海垃圾分类升级版。

本章将分析上海垃圾分类工作面临的形势，反思当前仍存在的问题，同时展望未来，打造上海垃圾分类升级版的进阶之路。我们将探讨如何以低碳为理念，引领垃圾分类的可持续发展，助力上海继续在国内外城市中发挥示范引领作用，共同推进全球城市的可持续发展事业。这将是一段厚植"人民城市"精神的崭新征程，也是上海为打造更加美丽、环保、宜居的城市生活所作的积极探索。

Since the citywide implementation of Shanghai's garbage sorting program on July 1, 2019, Shanghai has achieved remarkable results in gradually creating a new low-carbon lifestyle embraced by its residents, as well as in forming a unique Shanghai practice of garbage sorting. Shanghai's successful experience has not only influenced other cities across China, but also set a global example.

However, these are only initial successes. How can Shanghai improve its garbage sorting mechanisms and better leverage them to achieve the country's ambitious carbon goals, even as it integrates them into a more sustainable model of urban development?

On May 21, 2023, General Secretary Xi Jinping replied to a letter from garbage sorting volunteers in Shanghai's Jiaxing Road Subdistrict with the following words: "Garbage classification and resource utilization are a systematic project, one that requires joint efforts, precise strategies, and long-term efforts from all parties." To implement the spirit of the General Secretary's words, Shanghai is actively creating an upgraded version of its garbage sorting system. To implement General Secretary Xi's important message, Shanghai has formulated an *Action Plan for Continuously Optimizing the Full Process of Garbage Classification in Shanghai (2023-2025)*. This action plan seeks to actively create an upgraded version of Shanghai's garbage sorting system.

This chapter will analyze the situation facing Shanghai's garbage sorting work, reflect on lingering problems with the system, and look ahead to the future of garbage sorting in Shanghai. We will explore how to use low-carbon concepts to lead the sustainable development of garbage sorting and help Shanghai continue to play a leading role in cities both within China and without, all while jointly promoting the sustainable development of global cities. This will be a new journey, one animated by the spirit of the "People's City." It also represents a positive exploration of more beautiful, environmentally friendly, and livable urban lifestyles.

从垃圾分类开始，
多维度实现城市可持续发展 [1]

Sustainable Urban Development Starts
With Waste Sorting

1 本节作者：曾刚，华东师范大学城市发展研究院
院长、教授；易臻真，华东师范大学城市发展研究院
副教授。

为了人民的期待，上海生活垃圾分类仍需持续优化

　　垃圾分类和资源化利用是个系统工程，需要各方协同发力、精准施策、久久为功。与上海建设具有世界影响力的社会主义现代化国际大都市目标相比，上海垃圾分类仍然存在一些需要解决的问题。

　　一是湿垃圾处置利用能力和资源化利用水平有待进一步提升。上海生活垃圾已全量无害化处理，但在源头管理、源头减量和资源化利用水平方面仍有待加强。部分市民分类投放习惯尚未养成、干湿混投现象有所回潮、居住区误时、投放点管理不善等问题时有发生。与此同时，源头减量工作仍存在商品过度包装、一次性餐具主动提供等问题。2023 年以来，全市城市管理执法系统共发出责令整改通知书 8667 份，其中依法查处违反生活垃圾分类管理条例的案件 6808 起。此外，尽管末端资源化处理能力一直在提升，但上海湿垃圾处理能力仍存在阶段性缺口，可回收物回收体系韧性有待增强，市域范围内的可回收物资源化利用渠道仍须补齐。回收主体企业集聚度、规模化程度和服务意识仍有待加强。

　　二是制度体系与毗邻城市互动合作不够。目前，长三角区域三省一市在生活垃圾分类方面存在不同的立法分类和制度差异，如上海的湿垃圾，宁波、合肥叫厨余垃圾，杭州叫易腐垃圾。结果是异地人员在流动过程中垃圾投放容易出错，增加了老百姓的学习和守法成本，也带来了不便。同时，由于系统性、协同性不足，相关产业的规模效应难以形成。上海市现有百余家资源循环再利用领域的专业化企业，其中从事生活垃圾分类可回收物循环利用的企业 20 余家。如何充分利用长三角区域一体化发展国家战略带来的机遇，壮大企业队伍，建立长三角全域再生资源回收利用体系，仍是需要解决的问题。

　　三是上海垃圾处理的国际合作尚需深化。作为国际大都市，上海在垃圾处置的各个环节上国际合作较少，这与上海的城市发展定位并不匹配。日本国际合作机构 JICA（Japan International Cooperation Agency）在 2017 年就和菲律宾环境与自然资源部启动了一项为期三年的技术合作项目，帮助地方政府将城市垃圾转化为能源。德国国际合作机构 GIZ

（Deutsche Gesellschaft für Internationale Zusammenarbeit）在城市垃圾处理方面也有丰富的经验。邀请国际权威组织及领先企业及专家参与上海垃圾分类工作，提升上海垃圾分类综合治理水平是值得重视的问题。

四是垃圾突发重大事件应急处置体系不够健全。在城市垃圾治理的过程中，存在着不少安全隐患。2017 年 3 月埃塞俄比亚的垃圾场滑坡事故；同年 5 月，美国华盛顿的核废料处理厂发生紧急事故。2021 年 8 月，位于科威特的全球最大废弃轮胎垃圾处理场发生火灾，轮胎燃烧释放大量致癌性气体。同年 9 月，新加坡一垃圾焚化厂发生起火爆炸事故，造成一死两伤……这些突发事件均造成了大量人员伤亡，且产生了持续性的负面影响。因此，完善垃圾处理重大事故应急预案，加强演练，是防范上海垃圾突发重大事件的"必修课"。

多维度促进可持续发展，践行"人民城市"理念

上海作为长三角区域一体化发展的龙头，绿色发展、创新发展、服务人民是中央的战略部署和号召，也是上海垃圾处理工作发展的方向与机遇。面向全球、面向未来的发展归根到底是为了回应和满足人民群众对美好生活的期待。为此，在即将到来的《条例》实施五周年之际，建议着重开展以下五方面工作。

一要系统归纳总结，实现从"上海经验"到"上海模式"的提升。上海在践行"人民城市"理念，全面开展垃圾分类处理工作方面取得了令人瞩目的成就，但因缺乏系统梳理与归纳总结，尚未真正形成"上海模式"。建议在市人大常委会连续四年开展的生活垃圾管理监督检查基础上，进一步开展大调研工作，从法规制度建设、政府政策与措施、社会动员、市民参与、综合效果等方面入手，剖析当前存在的堵点难点问题，尤其是在管理策略、技术优化提升方面。同时，建议将垃圾分类处理工作纳入"上海碳达峰行动方案"，开展循环经济助力降碳行动，健全资源循环利用体系。不断创新突破，形成可复制、可推广的"上海模式"，发挥示范引领作用，为其他城市提供借鉴参考。

二要借力长三角区域一体化发展国家战略，打好垃圾分类协同攻坚

战。上海应主动承担起"牵头者"及"协调人"角色，通过与其他三省生态环境厅及各市容绿化部门的通力合作，以联席会议、领导小组等形式，共同研究解决工作堵点难点问题，最大程度争取各地住房城乡建设、发展改革、生态环境、财政等部门以及科教文卫体系统主管部门支持，形成同向发力、齐抓共管的工作格局，真正实现长三角区域绿色协同发展。建议长三角区域合作办公室牵头，加强三省一市垃圾分类一体化的理念认同，统一生活垃圾分类名称、划分标准和内涵、违法标准和处罚力度。建立长三角区域垃圾分类网络平台，采用大数据、区块链、人工智能等现代信息技术，来处理和解决难题，通过平台交流信息、分享经验、协调冲突，降低清运成本，提升垃圾处理效率。

三要依托"一带一路"发展倡议，提高垃圾治理的国际合作水平。 在垃圾分类处理工作中，无论是管理机构还是产业项目，上海市均可通过国际合作形式积极引进先进处置技术和管理手段，快速有效地提高管理及技术的专业性，充分发挥后发优势。更要充分激活垃圾处理的市场活力和产业潜力。依托国家"一带一路"倡议，尤其是海外园区的建设工作，形成垃圾处理的跨国联盟。将垃圾处理厂建到"一带一路"上，并依靠技术革新，将各种类型的专业垃圾处理工厂按工序进行全面整合，实现设备或生产环节共享、物流和销售渠道共享，建立垃圾交易信息平台，使得资源在联盟内循环再利用。

四要完善垃圾重大突发事件应急预案，确保城市安全运行。 在垃圾分拣、收集、运输及处理的各个环节中均有可能发生危害公共安全的突发事件。市、区绿化和市容管理部门应当尽快编制应对突发事件应急预案，结合市容环境卫生专业领域的特点，明确突发事件种类与级别、组织指挥体系与职责、预防预警机制、处置程序、保障措施、人员防护、物资装备与调用等内容。建立健全突发事件应急处置机制，并组织演练。与此同时，建议尝试利用"天网"系统对组织机构及个人的垃圾分类处理行为进行全方面监控，收集并分析垃圾处置过程中的危险信息，对风险进行评估，对可能发生和可以预警的突发事件及时纠正和警示。

五要发挥基层党组织战斗堡垒作用，提升居民深度参与垃圾分类的

积极性。"人民城市人民建，人民城市为人民"，垃圾分类及处理工作离不开人民群众的广泛参与。建议充分利用新时代党建新契机，发挥社区党组织战斗堡垒作用，进一步扩大上海市政府相关信息发布范围，建立并完善民意表达渠道和参与机制。在后期评估中重视人民意见，通过购买服务，委托权威独立第三方机构开展系统评估，为实现人人机会均等的目标提供可靠支撑。同时，以居民区为单位，以精细化管理为原则，动态优化调整源头投放和回收利用管理方式及内容，优化"一小区一方案"，不断提升社区基层治理能力，推动垃圾分类成为低碳生活新时尚，在更大范围开花结果，真正形成以社区为主体的具有中国特色的垃圾分类新模式。

应当看到，实施垃圾分类是上海实现可持续发展的关键支柱。垃圾分类从源头开始，培育了可持续发展的顶层设计、制度安排和具体实施方法，将为城市探索建设和完善可持续发展体系提供有力支持。垃圾分类的推行需要政府、市场和社会等多方力量参与，进而构建一个有利于人口、资源、环境和经济协同发展的良性治理框架，厚植共建、共享、共治的"人民城市"精神，满足人民对美好生活的向往与期待。

国际先进经验借鉴
Learning From Global Leaders

实施垃圾分类与城市可持续发展密切相关,对大都市环境和资源管理至关重要。世界上一部分国家和地区开展垃圾分类探索时间较早,形成了相对完善的方案与体系。学习和借鉴国际先进经验,可为上海提升垃圾分类水平和管理能力、弥补工作短板带来一定启发。

新加坡、荷兰和美国的一些城市近年来开展垃圾分类实践较为成功,获得了各界广泛认可。新加坡的零废排放和循环经济模式展现了在有限土地资源下实现零废弃的可能性。荷兰的特别精细化垃圾分类和回收处理模式提供了高效率、可持续的垃圾管理范例。美国旧金山则通过垃圾分类科普教育创新,成功营造了零废弃文化。这些相关经验对上海具有一定参考价值。

新加坡:"零废弃计划",走向循环利用的未来[1]

近年来,新加坡政府制定了"零废弃计划"(Zero Waste Masterplan),以应对气候变化、温室气体排放导致的全球变暖和人口增长所造成的资源紧缺等问题,并力图通过改善国民处理垃圾的方式来解决当前新加坡面临的实际难题:实马高垃圾填埋场(Semakau Landfill)将在2035年耗尽填埋空间,而环境挑战仍在威胁着当下。

促进循环经济,以取代线性经济模型是"零废弃计划"的目标之一。为此,从生产消费到废物资源管理都需要采取一定措施。具体而言,"零废弃计划"的目标有:延长实马高垃圾填埋场的使用寿命;于2030年前使人均日均垃圾产量由0.36公斤降为0.25公斤(30%的减幅);于2030年前将总体废物回收率提升至70%(含非生活垃圾回收率81%和生活垃圾回收率30%)。

为达成零废弃的目标,新加坡在贯彻可持续生产和可持续消费方面采取了多项措施,以减缓垃圾产生的速度。在生产方面采取的措施包括:可持续设计(如延长产品寿命、减少不必要包装,等等)、提高资源利用效率、建立产业共生体系(某一行业产出的废品可被另一行业用作原材料,如食物废渣用于生产化肥等);在可持续消费方面,减缓资源变废的手段主

[1]　本案例内容摘自徐千钦编译的新加坡环境与水资源部《新加坡零废弃规划》(Singapore Zero Waste Masterplan)。

要有：减少不必要消费、重复使用或捐赠不需要的物品、提倡购买含有绿色标签的产品。

而对于建筑材料、金属等非生活垃圾的回收利用，新加坡的"零废弃计划"也取得了一定成效。如利用现有建筑垃圾生产新型建筑材料，使其回收率几乎达到100%；金属垃圾则主要通过从垃圾焚烧灰烬中提取的方式，完成有效回收。"零废弃计划"还改善了原有家庭垃圾回收体系的不足，旨在为居民提供更多便利，培养其垃圾回收意识。

除了探索如何减少废弃物、高效利用资源，"零废弃计划"也致力于加快垃圾回收利用的基础设施建设和技术研发，如开发气动垃圾输送系统（Pneumatic Waste Conveyance System）、建造能源回收工厂和综合垃圾管理设施（Integrated Waste Management Facility，IWMF）。IWMF 中有多种废旧资源的协同作用，可同时综合治理水资源和能源资源。

在"零废弃计划"的所有目标中，开发新型回收技术和研制环保替代材料是重中之重，可从源头和回收阶段分别提高资源的利用程度。与此同时，新加坡的政府、企业、高校、家庭和个人都在积极参与"零废弃计划"的实施，携手共同推进这项重要的社会议程。

荷兰：精细化分类，创建可持续循环经济体

凭借庞大的自行车道网络和北海的风能，荷兰成为欧洲最环保的国家之一。在回收生活垃圾方面，荷兰也格外上心。在 2018 年，荷兰回收了所有城市垃圾的 56%，而且这个数字每年都在继续上升，目标是到 2030 年，使原材料消费量减少一半，在 21 世纪中叶走向"完全无废"社会，创建可持续的循环经济体。

一般来说，大部分可回收的家庭垃圾在荷兰或附近的欧洲国家都可以被回收。同时，不可回收的废物通常进入焚化炉或垃圾填埋场。虽然存在争议，但这些焚化炉产生的电力会反馈到荷兰电网。这样做也有助于减少垃圾填埋场的使用。

荷兰对可回收垃圾秉持着"先处理干净再投放"的原则，其中包括玻璃、塑料、纸张和纺织品等几类。大多数荷兰社区都有集中回收箱，随时可以投放。也有一些城市会为家庭提供单独的回收箱，让居民自行在家中分类，定期放在门外等待收集。在阿姆斯特丹等大城市的公共区域，路边也有专门投放可回收物的垃圾桶，环卫工人会定期将其清空。

玻璃——如果一个家庭没有自己的玻璃回收箱，就需要投放至社区回收容器中。食品和饮料的玻璃包装瓶罐丢入标有"玻璃"的容器，但其他类型的玻璃，比如灯泡，则不能投放其中，而应投放在收集箱中或带到收集点。

塑料——塑料垃圾投入社区标有"塑料"的容器中（通常是橙色的）。已收取押金的塑料瓶可退回当地超市赎回押金。阿姆斯特丹和其他一些城市的每个社区都有大型街道收集箱，有时也能看到环卫工人在路边收集塑料。

纸——纸张和纸板物品需要被投入社区标有"纸"的容器中（通常是蓝色的）。纸在荷兰各地都可被广泛回收，主要包括报纸、食品包装等，通常每两周定期收集一次。重要的是要确保投放到回收箱的任何纸张都没有沾染食物、油漆、污垢或其他东西。在路边也有一些小型垃圾桶可以回收纸张，但需注意的是，餐巾纸、卫生巾和其他卫生用品不可回收。

虽然婴儿尿布无法投入普通垃圾桶，但市镇上总会有几个单独的容器，带有不同尿布公司的标志，有些甚至在顶部装有太阳能电池板。尿布的处理在相当程度上也是它们生产方的责任。居民为了找到投放点，需要下载一个专门的应用程序。

纺织品和鞋——旧衣服、抹布和其他纺织品应被投入社区标有"纺织品"的容器中，但部分床上用品属于居住废弃物中的"超大垃圾"，需自行运至垃圾场或预约上门回收。如果衣服和鞋没有破损且仍然可穿，可以将它们带到当地的二手商店。

危险或有毒产品——具体类别和处置方式分为以下几种：1.过期药品应退回药房妥善处理，切勿将其投放在水槽或马桶中。2.电池可以存放在超市、加油站、五金店等的收集箱中，也可以直接带到收集点。3.小型危废或化学废弃物，如节能灯泡、洗涤剂、油漆、清漆、食用油和化妆品等，应带到垃圾收集点。4.绘画和颜料也属于危险或有毒产品，也需要自行带到垃圾收集点。

美国旧金山：创新科普教育形式，助力零废弃目标[1]

在环境保护方面，旧金山一直积极鼓励和赋权公民参与。比如，旧金山环境委员会是一个由7人组成的专业团体，包括环境律师和生态教育者。他们会给市政府监事会提供意见和建议。这个团体会推荐最前沿的环境问题研究成果，最有价值的解决方案和法规条例提案，然后送到市长和监事会那里进行表决。

多年来，旧金山市政府在向民众普及零废弃目标的意识、习惯和文化方面作出了卓越成就。截至2012年3月，旧金山市已将上百万吨的易腐垃圾，实现了分类和好氧堆肥，完成了有机质的循环。

针对垃圾分类的可持续发展与管理，旧金山市政府的零废弃部门有11位专门的工作人员，分布在垃圾管理的不同领域，负责制定零废弃战略、政策、项目和激励机制，以达到零废弃目标。其中有1位经理、4位关注零废弃商业、3位专注于社区零废弃，还有3位聚焦在城市管理，其余的人负责有毒有害物减量项目和对外宣传工作。

除了11人的零废弃团队，旧金山市环境部门还有一支环境保护宣传小组，成员有20人。这个小组的大多数人员是从"环境即刻行动"（Environment Now，一个由旧金山市环境局运行的专门培训绿色职位的机构）培训项目遴选而出。参加这个培训项目的人员都是旧金山市居民。学员经培训后就可以开始开展宣传教育活动。在宣教活动中，他们代表的是旧金山市环境局。宣教项目涵盖的范围很广，包括节能减排、再生能源、减少有害物质、清洁空气和城市绿化。

因为这些经过培训的人员来自本地社区，他们的工作能触及传统宣传活动无法覆盖的区域和受众。这样，也可以提升社区居民对环境倡议的响应程度。就零废弃项目而言，宣传项目是持续滚动进行的，一旦回收和堆肥设施到位后，宣传教

1 摘自"零废弃村落"发起人陈立雯撰写的文章《旧金山零废弃文化》，发表于澎湃新闻市政厅栏目。

育就跟进展开，这样可以帮助社区居民形成回收和堆肥习惯。

旧金山市环境局宣教工作的成功也得益于持续的资金支持。但是，这些资金并不是来自市政府，而是从垃圾产生者缴纳的垃圾收集服务费中，抽取一定比例用于宣传教育。每年，零废弃项目的宣传教育预算大概是 700 万美元。

旧金山市用了 20 年时间，在整个城市中培育零废弃文化和行动，帮助旧金山市实现了 80% 垃圾分类率。在此过程中，垃圾分类和零废弃主管部门充分贯彻了与民众以及全市的商业部门的紧密合作。

国际垃圾分类前沿实践带来的启示

在上海这样的超大城市开展垃圾分类面临复杂的挑战。参照新加坡、荷兰与美国旧金山的具体实践，以下几点做法值得上海借鉴。

首先是强化源头分类。在宣传教育活动方面，上海可以继续加大宣传力度，通过各种媒体和社区活动向市民传递垃圾分类的重要性和方法，具体包括举办垃圾分类讲座、制作教育视频以及开展面向校园和社区的分类教育项目。在分类容器设置方面，增加分类容器的设置是提高分类便捷性的有效措施。上海可以在不同社区和不同公共场所增设分类垃圾箱，确保市民在日常生活中可以方便地进行垃圾分类。

其次是构建多层次的分类体系。分类精细化通过引入多层次的垃圾分类体系可以更好地满足市民需求，提高回收效率。例如，可以细分可回收物，如玻璃、纸张、塑料等，以确保资源能够得到高效回收和再利用。而分类指导可以为市民提供明确的分类指南和标识，以帮助他们正确分类废弃物。这些指南可以印制在分类容器上，或通过手机应用程序提供，以便市民随时查阅。

再次是扩建分散式回收设施。在后端建设更多分散式垃圾回收站是改善垃圾分类便捷性的关键步骤。这些回收站应该覆盖城市各个区域，确保市民可以就近进行垃圾分类投放。而在前端引入自助式分类设备，让市民可以在任何时间进行垃圾分类，而不仅限于回收站的开放时间。

最后是扩大社区参与。建立社区参与机制，培训志愿者成为垃圾分类的倡导者和教育者。这些志愿者可以在社区内组织宣传活动、回答市民的疑问，并提供分类指导。同时，还要建立政府与社区之间的密切联系，鼓励社区自发组织垃圾分类倡导和教育活动。政府可以提供支持和资源，以加强社区的垃圾分类倡导工作。

众所周知，垃圾分类是一个长期而复杂的过程，需要通过政府、社区和市民的共同努力来获得成功。上海可适当借鉴新加坡、荷兰和旧金山等地的成功经验，帮助城市更好地应对垃圾管理挑战，实现可持续发展目标。通过实施源头分类、精细化分类体系、增加分散式回收设施、扩大社区参与等措施，进一步改善上海垃圾分类和资源回收成效，为城市更清洁、更绿色的未来打下坚实基础。

上海垃圾分类升级版：
持续优化全程分类体系
Garbage Sorting 2.0: A Process of
Continuous Optimization

上海市全面启动生活垃圾全程分类体系建设以来，取得了显著成效。党建引领的多方参与机制发挥了关键作用，垃圾分类逐渐成为上海市民生活的一种新时尚。然而，这与上海建设具有世界影响力的社会主义现代化国际大都市目标相比，仍有一定提升空间。

首先，分类实效需要进一步提升，全民自觉正确参与垃圾分类投放的比例和源头分类投放点环境质量的管理仍需巩固和提升。尽管已开展多年的宣传教育，少部分市民却仍未养成垃圾分类投放的良好习惯。干湿混投等不文明的垃圾投放行为时有发生，需要更强有力的管理和监督。

其次，源头减量方面，餐饮、快递等行业的减量瓶颈亟待突破，生活垃圾资源化利用水平仍须提升。尽管生活垃圾分类在减少垃圾总量方面取得了一定成效，但 2023 年上半年的数据显示，干湿垃圾总量相比去年同期上升了 4.2%，形势依然严峻。因此，亟须加快在生产、流通、消费等领域贯彻源头减量工作。

此外，湿垃圾处理能力尚存在阶段性缺口，导致湿垃圾的有效处理受到限制。可回收物回收体系韧性也有待增强，回收主体企业的规模和服务意识还需要进一步提升，以应对未来更加复杂的垃圾分类处理挑战。

为更好贯彻习近平总书记的重要指示和精神，上海市政府决定制定《工作方案》，以进一步提升垃圾分类的实效，深化资源化利用，推动绿色低碳转型，切实提高城市管理水平。

通过这份《工作方案》，我们可以看到上海今后持续优化生活垃圾全程分类体系的总体思路和关键措施，而贯穿其中的"低碳"理念，也将引领上海垃圾分类进一步提档升级。

《工作方案》的亮点与特色

今年是全面贯彻落实党的二十大精神的开局之年。上海认真学习贯彻习近平总书记给嘉兴路街道垃圾分类志愿者的重要回信精神，继续对标国际"最高标准、最好水平"，积极践行"人民城市"理念，坚决贯彻落实市委、市政府工作部署和近期市委主要领导批示提出的"要以钉钉子精神持续用力，抓好垃圾分类工作"的要求，推动上海垃圾分类再上新台阶。因此，《工作方案》特别注重以问题为导向，突出"精准""精细""绿色低碳"三大路径，继往开来，持续优化上海生活垃圾全程分类体系。

突出"**精准**"：在垃圾分类的前端巩固提升分类实效，紧紧抓住党建引领这个关键抓手，进一步发挥以居（村）党组织为领导核心的多方参与机制作用，增强社会公众履行生活垃圾分类义务的自觉性。通过开展"四大行动"，推进全市居（村）地区投放点分级分类便利化改造，强化管理，持续优化分类投放环境。中端则注重推进收运作业规范化，优化收运模式，深化作业扰民治理，多措并举激发市场活力，提高可回收物回收主体企业竞争力。末端主要是加快提升处置能力，持续保持原生生活垃圾零填埋，提高可回收物集散场稳定性。

突出"**精细**"：垃圾分类将更加精细化，鼓励在特色道路、特色街区、高标准保洁区域等设置精细化分类的垃圾箱。回收服务更加精心，加快建设一批可回收物回收高品质服务点，推进一批高品质中转站、集散场升级改造。监管更加高效，通过数字赋能实现全过程闭环管理。

上海浦东老港再生能源利用中心二期
上海市绿化和市容宣传教育中心供图

　　突出"绿色低碳"：立足长远，深入推进源头减量化，开展"光盘行动"、适度点餐等活动，减少餐饮浪费。通过加大生活垃圾处理费征收减免力度，促进湿垃圾源头减量。在包装减量上争取突破，推动本市同城快递、外卖平台等落实包装物回收义务。实现深度资源化利用，开展低价值可回收物、炉渣利用项目建设以及制定湿垃圾沼渣高值低碳利用技术示范，全面提升资源化利用水平，为确保上海实现"双碳"目标作出关键贡献。

《行动计划》的主要内容

　　《行动计划》的第一大板块是明确生活垃圾全程分类体系优化的总体要求。分类体系优化工作将以习近平新时代中国特色社会主义思想为指引，全面贯彻党的二十大精神，深入贯彻习近平生态文明思想，积极践行人民城市理念的指导思想，并确定坚持依法治理、坚持系统推进、坚持问题导向、坚持全民参与的基本原则。到 2025 年，全市常住人口自觉履行生活垃圾分类义务比例将达到 98%，居住区和单位生活垃圾分类达标率稳定在 95% 以上；资源回收利用水平不断提高，生活垃圾回收利用率达到 45% 以上；生活垃圾源头减量率达到 5% 以上；数字化监管水平不断增强；市民对生活垃圾分类工作的满意度达到 96% 等主要目标，公众满意度和获得感实现整体提升。

　　为了实现上述目标，《行动计划》的第二大板块按照常态化、便利化、减量化、系统化、资源化、智能化的思路，围绕提质增效，聚焦社会治理、环境优化、绿色低碳、能力提升、体系健全、数字赋能这 6 个关键领域，明确制定了 20 项工作任务。

　　一是强化社会治理。包含 3 项主要任务：大力弘扬"新时尚"精神，持续组织开展生活垃圾分类宣传活动；健全志愿服务体系，实现全市居住区投放点志愿服务全覆盖；完善基层治理工作机制。

　　二是优化分类投放环境。包含 4 项主要任务：完成投放点更新改造，到 2025 年，完成 21670 个投放点微更新、8073 个投放点专项更新，建成 1100 个精品示范居住区；开展投放点环境治理，规范各类投放点和垃圾房管理；优化社区投放模式，落实"一小区一方案"；开展农村垃圾整治，到 2025 年，全市逐步更替近 3000 辆手推类收集车，农村环卫保洁员达到 2 万人。

三是推动绿色低碳转型。包含 3 项主要任务：倡导绿色低碳生活方式；做实 2 个"不主动提供"和 1 个"不得提供"，创新同城快递、外卖平台等管理制度；通过生活垃圾处理费收费制度杠杆，促进部分场所湿垃圾就地减量，鼓励相关企业在商区、园区、社区等区域开展专项品种资源回收利用试点工作。

四是提升收运处能力。包含 3 项主要任务：完成道路垃圾箱投放口改造，推动 481 座环卫权属小压站、17 座转运站升级改造；深化作业扰民治理，简化对不符合分类标准的生活垃圾拒绝收运的操作规程；推进湿垃圾资源化处理设施建设，研究既有焚烧厂绿色低碳升级改造路径。

五是健全可回收物回收体系。包含 4 项主要任务：推进可回收物回收高品质服务点建设，到 2025 年，每个街镇建设 3—5 个惠民服务点；推动各区到 2025 年建成 50 座高品质示范型中转站、集散场，全市 30% 以上的中转站、集散场实现以市政用地形式保障；规范可回收物回收主体企业管理，提高可回收物回收主体企业发展竞争力；提升低价值可回收物回收保障能力，研究并推广资源化利用技术。

六是数字赋能智能监管。包含 3 项主要任务：在源头管理方面，推进"一网统管"生活垃圾分类场景建设和应用；在收运作业监管方面，推动各区智慧平台建设，开发面向市民的可回收物回收公共服务平台；在末端品质追溯方面，到 2025 年，完成 35 座湿垃圾转运处理设施品质智能识别装置安装和应用。

为确保有效执行，《行动计划》还设置了第三大板块——全面而细致的保障措施。具体包括持续强化组织保障，充分发挥联席会议平台作用，做实多部门联合执法协作机制；加大政策支持力度，落实好资金保障；推进技术研究和标准体系建设，鼓励培育产业链，提升科技支撑能力；优化综合考评制度，进一步将生活垃圾分类管理情况融入相关创建活动和考核中。这些措施将有助于《方案》的顺利实施和生活垃圾分类工作的不断改进。

由此可见,《行动计划》为推动垃圾分类全面提档升级提供了清晰的蓝图和路径。通过精准分类实效提升、精细分类和资源回收、绿色低碳转型等关键措施,上海将进一步提高生活垃圾分类水平,提升城市管理水平,助力城市可持续发展。

图书在版编目（CIP）数据

引领低碳生活新时尚：垃圾分类卷＝Low-Carbon
Lifestyles: Lessons from Shanghai's Garbage-
Sorting Program / 上海市绿化和市容管理局（上海市林
业局）编著.—北京：中国建筑工业出版社，2024.4
（新时代上海"人民城市"建设的探索与实践丛书）
ISBN 978-7-112-29651-4

Ⅰ.①引… Ⅱ.①上… Ⅲ.①垃圾处理—研究—上海
Ⅳ.①X705

中国国家版本馆CIP数据核字（2024）第054065号

责任编辑：刘　丹　徐　冉
文字编辑：赵　赫
责任校对：赵　力

新时代上海"人民城市"建设的探索与实践丛书
引领低碳生活新时尚　垃圾分类卷
Low-Carbon Lifestyles
Lessons from Shanghai's Garbage-Sorting
Program
上海市绿化和市容管理局（上海市林业局）　编著

*
中国建筑工业出版社出版、发行（北京海淀三里河路9号）
各地新华书店、建筑书店经销
北京锋尚制版有限公司制版
北京雅昌艺术印刷有限公司印刷
*
开本：787毫米×960毫米　1/16　印张：18¼　字数：270千字
2024年5月第一版　　2024年5月第一次印刷
定价：**149.00**元
ISBN 978-7-112-29651-4
　　　（42239）